全国建筑业企业项目经理培训教材

施工项目信息管理

全国建筑业企业项目经理培训教材编写委员会

U0295051

中国建筑工业出版社

图书在版编目（CIP）数据

施工项目信息管理/全国建筑业企业项目经理培训教
材编写委员会编. —北京：中国建筑工业出版社，2002
全国建筑业企业项目经理培训教材
ISBN 978-7-112-04922-6

Ⅰ. 施… Ⅱ. 全… Ⅲ. 计算机应用—建筑工程—工
程施工—项目管理—教材 Ⅳ. TU71

中国版本图书馆 CIP 数据核字（2001）第 097985 号

本书主要讲述了在施工项目信息管理中使用计算机的优越性和可能
性。全书共分四章，主要内容包括施工项目信息管理与计算机基础知识，
Windows 操作系统的使用，如何使用文字处理软件和电子表格软件，常用项
目管理软件的组成与应用，并通过实例予以介绍。

本书把施工项目信息管理基础知识和计算机应用紧密地结合在一起，
图文并茂，结构清晰，具有很强的实用性和可操作性。

本书可供施工项目经理培训使用，还可供施工项目管理工作者和施工
管理类专业教学参考。

* * *

责任编辑：时咏梅

全国建筑业企业项目经理培训教材

施工项目信息管理

全国建筑业企业项目经理培训教材编写委员会

*

中国建筑工业出版社出版、发行（北京西郊百万庄）
各地新华书店、建筑书店经销
北京建筑工业印刷厂印刷

*

开本：787×1092毫米　1/16　印张：10¾　字数：260千字
2002年1月第一版　2012年11月第十五次印刷
定价：**16.00**元
ISBN 978-7-112-04922-6
(14804)

全国建筑业企业项目经理培训教材
修订版编写委员会成员名单

顾　　问：

　　金德钧　　建设部总工程师、建筑管理司司长

主任委员：

　　田世宇　　中国建筑业协会常务副会长

副主任委员：

　　张鲁风　　建设部建筑管理司巡视员兼副司长

　　李竹成　　建设部人事教育司副司长

　　吴之乃　　中国建筑业协会副秘书长

委员（按姓氏笔画排序）：

　　王瑞芝　　北方交通大学教授

　　毛鹤琴　　重庆大学教授

　　丛培经　　北京建筑工程学院教授

　　孙建平　　上海市建委经济合作处处长

　　朱　嬿　　清华大学教授

　　李竹成　　建设部人事教育司副司长

　　吴　涛　　中国建筑业协会工程项目管理委员会秘书长

　　吴之乃　　中国建筑业协会副秘书长

　　何伯洲　　东北财经大学教授

　　何伯森　　天津大学教授

　　张鲁风　　建设部建筑管理司巡视员兼副司长

　　张兴野　　建设部人事教育司专业人才与培训处调研员

　　张守健　　哈尔滨工业大学教授

　　姚建平　　上海建工（集团）总公司副总经理

　　范运林　　天津大学教授

　　郁志桐　　北京市城建集团总公司总经理

　　耿品惠　　中国建设教育协会副秘书长

　　燕　平　　建设部建筑管理司建设监理处处长

办公室主任：

　　吴　涛（兼）

办公室副主任：

　　王秀娟　　建设部建筑管理司建设监理处助理调研员

全国建筑施工企业项目经理培训教材
第一版编写委员会成员名单

主任委员：

姚　兵　　　建设部总工程师、建筑业司司长

副主任委员：

秦兰仪　　　建设部人事教育劳动司巡视员

吴之乃　　　建设部建筑业司副司长

委员（按姓氏笔画排序）：

王瑞芝　　　北方交通大学工业与建筑管理工程系教授

毛鹤琴　　　重庆建筑大学管理工程学院院长、教授

田金信　　　哈尔滨建筑大学管理工程系主任、教授

丛培经　　　北京建筑工程学院管理工程系教授

朱嬿　　　　清华大学土木工程系教授

杜　训　　　东南大学土木工程系教授

吴　涛　　　中国建筑业协会工程项目管理专业委员会会长

吴之乃　　　建设部建筑业司副司长

何伯洲　　　哈尔滨建筑大学管理工程系教授、高级律师

何伯森　　　天津大学管理工程系教授

张　毅　　　建设部建筑业司工程建设处处长

张远林　　　重庆建筑大学副校长、副教授

范运林　　　天津大学管理工程系教授

郁志桐　　　北京市城建集团总公司总经理

郎荣燊　　　中国人民大学投资经济系主任、教授

姚　兵　　　建设部总工程师、建筑业司司长

姚建平　　　上海建工（集团）总公司副总经理

秦兰仪　　　建设部人事教育劳动司巡视员

耿品惠　　　建设部人事教育劳动司培训处处长

办公室主任：

吴　涛（兼）

办公室副主任：

李燕鹏　　　建设部建筑业司工程建设处副处长

张卫星　　　中国建筑业协会工程项目管理专业委员会秘书长

4

修 订 版 序 言

随着我国建筑业和建设管理体制改革的不断深化，建筑业企业的生产方式和组织结构也发生了深刻的变化，以施工项目管理为核心的企业生产经营管理体制已基本形成，建筑业企业普遍实行了项目经理责任制和项目成本核算制。特别是面对中国加入 WTO 和经济全球化的挑战，施工项目管理作为一门管理学科，其理论研究和实践应用也愈来愈加得到了各方面的重视，并在实践中不断创新和发展。

施工项目是建筑业企业面向建筑市场的窗口，施工项目管理是企业管理的基础和重要方法。作为对施工项目施工过程全面负责的项目经理素质的高低，直接反映了企业的形象和信誉，决定着企业经营效果的好坏。为了培养和建立一支懂法律、善管理、会经营、敢负责、具有一定专业知识的建筑业企业项目经理队伍，高质量、高水平、高效益地搞好工程建设，建设部自 1992 年就决定对全国建筑业企业项目经理实行资质管理和持证上岗，并于 1995 年 1 月以建建［1995］1 号文件修订颁发了《建筑施工企业项目经理资质管理办法》。在 2001 年 4 月建设部新颁发的企业资质管理文件中又对项目经理的素质提出了更高的要求，这无疑对进一步确立项目经理的社会地位，加快项目经理职业化建设起到了非常重要的作用。

在总结前一阶段培训工作的基础上，本着项目经理培训的重点放在工程项目管理理论学习和实践应用的原则，按照注重理论联系实际，加强操作性、通用性、实用性，做到学以致用的指导思想，经建设部建筑市场管理司和人事教育司同意，编委会决定对 1995 年版《全国建筑施工企业项目经理培训教材》进行全面修订。考虑到原编委工作变动和其他原因，对原全国建筑施工企业项目经理培训教材编委会成员进行了调整，产生了全国建筑业企业项目经理培训教材（修订版）编委会，自 1999 年开始组织对《施工项目管理概论》、《工程招投标与合同管理》、《施工组织设计与进度管理》、《施工项目质量与安全管理》、《施工项目成本管理》、《计算机辅助施工项目管理》等六册全国建筑施工企业项目经理培训教材及《全国建筑施工企业项目经理培训考试大纲》进行了修订。

新修订的全国建筑业企业项目经理培训教材，根据建筑业企业项目经理实际工作的需要，高度概括总结了 15 年来广大建筑业企业推行施工项目管理的实践经验，全面系统地论述了施工项目管理的基本内涵和知识，并对传统的项目管理理论有所创新；增加了案例教学的内容，吸收借鉴了国际上通行的工程项目管理做法和现代化的管理方法，通俗实用，操作性、针对性强；适应社会主义市场经济和现代化大生产的要求，体现了改革和创新精神。

我们真诚地希望广大项目经理通过这套培训教材的学习，不断提高自己的理论创新水平，增强综合管理能力。我们也希望已经按原培训教材参加过培训的项目经理，通过自学修订版的培训教材，补充新的知识，进一步提高自身素质。同时，在这里我们对原全国建筑施工企业项目经理培训教材编委会委员以及为这套教材做出杰出贡献的所有专家、学者和企业界同仁表示衷心的感谢。

全套教材由北京建筑工程学院丛培经教授统稿。

由于时间较紧，本套教材的修订中仍然难免存在不足之处，请广大项目经理和读者批评指正。

全国建筑业企业项目经理培训教材编写委员会

2001 年 10 月

前　言

施工项目信息管理是施工项目各项管理工作的基础，而要做好施工项目信息管理工作，则必须使用计算机这一现代化工具。

使用计算机进行施工项目的信息管理，就可以对施工项目管理中所发生的大量信息进行快速、准确的处理，及时、准确、全面地为施工项目管理人员提供所需信息，从而保证施工项目管理工作的正常进行。

编写这本书的目的在于让项目经理了解一些信息管理和计算机的基础知识，掌握施工项目信息管理中一些常用软件的操作方法与应用思路，认识到只有使用计算机才能提高施工项目信息管理的水平，从而有助于推动在施工项目信息管理中应用计算机的进程，提高我国施工项目管理的水平。

本书由清华大学华文全主编。第一章第一节、第三节和第四章第一至第六节由华文全编写；第一章第二节、第二章、第三章由华文全、吴雅雯共同编写；第四章第七节由中国建筑科学研究院郭春雨编写。全书由清华大学朱嬿审定。

在编写中，参考了许多文献资料，谨此对文献资料的作者表示感谢。

由于水平有限，书中不足之处在所难免，敬请读者批评指正。

目　　录

第一章　施工项目信息管理与计算机基础知识

信息是各项管理工作的基础和依据，没有及时、准确和满足需要的信息，管理工作就不能有效地起到计划、组织、控制和协调的作用。随着现代化的生产和建设日益复杂化，社会分工越来越细，管理工作不仅对信息的及时性和准确性提出了更高的要求，而且对信息的需求量也大大增加，这些都对信息的组织和管理工作提出了越来越高的要求。也就是说，信息管理变得越来越重要，任务也越来越繁重。实践表明，如果继续沿用传统的手工处理数据和传递信息的方式，那么往往不能在需要的时间和范围内，把有用的信息送到有关人员手中，从而影响管理工作的正常进行。只有采用电子计算机，才有可能高速度、高质量地处理大量的信息，并根据现代管理科学理论（如运筹学、网络计划技术、系统分析、模拟技术等）和计算机处理的结果，做出最优的决策，取得良好的经济效果。由此可见，信息管理是现代管理中不可缺少的内容，而电子计算机则是现代管理中不可缺少的工具。

在施工项目管理中，信息管理同样必不可少。只有切实做好施工项目的信息管理工作，才能保证项目的有关人员及时获得各自所需的信息，在此基础上才能够进一步做好成本管理、进度管理、质量和安全管理、合同管理等各项管理工作，最终达到优质、低价、快速地完成项目施工任务的目标。同时，由于施工项目管理是一种动态的管理，需要及时地对大量的动态信息进行快速处理，这就需要借助于电子计算机这一现代化的工具来进行，因此在施工项目管理中必须把信息管理和计算机的应用有机地结合起来，充分发挥计算机在信息管理中的优势，为实现施工项目的动态管理服务。

第一节　施工项目信息管理基础

一、信息概述

在说明信息这个概念前，有必要先对数据这个概念作简要的说明。

一般认为，数据是人们用来反映客观世界而记录下来的、可以鉴别的符号，是语言、文字、图形等有意义的组合。这种组合具体地对事物进行了描述。

对事物进行描述除使用表示数量概念的数值数据（如施工人数、混凝土浇筑量、钢筋直径等）外，还会使用到非数值数据，即数据处理中所使用的文字、图表、标点等各种符号（如施工机械名称、分部分项工程名称等）。因此，信息管理中所指的数据已不再是过去"数值"这一狭义概念，而是数值数据和非数值数据两者之和。例如，2001 年 9 月 1 日已完成地下室墙体混凝土浇筑 $1000m^3$，其中 $1000m^3$ 是数值数据，其余部分则是非数值数据。

1. 信息的定义

信息是一个抽象的概念。对信息的定义，目前还没有统一的说法。一般可这样认为，信息是数据经过加工后，并对客观世界产生影响的数据。如对某单位所有的职工情况进行汇总统计，就可以得到该单位的文化素质、年龄结构等情况。又如，对混凝土抗压强度数据进行统计处理，就可得到有关混凝土浇筑质量的信息，这些信息可为施工项目管理人员进行质量控制提供依据。

2．信息的特征

（1）信息是可以识别的。人们可以通过感观直接识别，也可以通过各种检测手段间接识别。识别的方式随信息源的不同而不同。例如，对混凝土强度和墙面平整度这两个不同的信息源需采用不同的识别方式。经过识别的信息可以用语言、文字、图像、代码、数字等表示出来。

（2）信息是可以转换的。它可以从一种形式转换成另一种形式。如物质信息可以转换成语言、文字、图像、图表等信息形式，也可转换为计算的代码、电讯号信息。反之，代码和电讯号也可以转换为语言、文字、图像、图表等信息。

（3）信息是可以存贮的。人的大脑可以存贮信息，称为记忆；电子计算机也可借助于内存储器和外存储器两部分来实现信息的存贮。

（4）信息是可以处理的。人用大脑处理信息，即思维活动；而电子计算机则可通过人编的计算机软件来实现信息的自动化处理。

（5）信息是可以传递的。人与人之间的信息传递用语言、表情、动作来实现；施工项目管理中的信息传递可通过文字、图表和各种文件、指令、报告等形式来实现；借助于电子数据管理技术和计算机网络技术，可使不同计算机内的信息资源实现充分共享。

（6）信息是可以再生的。人们收集到的信息通过处理可以用语言、文字、图像等形式再生。信息经电子计算机处理后可以用显示、打印、绘图等形式再生。

（7）信息具有有效性和无效性。通常人们只对与自己工作有关的信息表示关心，至于别的信息可以不去识别它们。换句话说，在自己工作范围内的信息是有效的、有价值的，而不在自己工作范围内的信息是无效的、无价值的。当然这并不意味着在某人看来无价值的信息对另一个人来说也是无价值的，相反，也许是十分有价值的。

3．信息的属性

（1）信息的结构化程度：这里是指信息的组织是否有严格的规定。如一张报表的结构化程度就比一篇文章的结构化程度高。如果报表上所有栏目内的字数及范围都有明确的规定，那么结构化程度就更高。使用计算机自动处理信息，则要求信息的结构化程度要高，否则处理很困难，或者无法取得完整的信息，甚至无法进行处理。

（2）信息的准确程度：这里是指对某一事物根据需要和可能合理安排信息的准确要求，以提高信息处理的效率，减少资源占用。例如，对混凝土的强度要求，一种报表需要填写实际平均强度值、离差值，而另一种报表要求填写平均强度、离差值的实际值和设计值，再一种报表可能仅要求填写"合格"或"不合格"字样就能满足要求。所以，不同类型的决策信息，要求有不同的准确程度。

（3）信息的时间性：所谓时间性，就是把信息从时间上进行分类。一般可分成历史信息、当前信息和未来信息三类。在信息管理中，对历史信息和当前信息的处理是不同的：对历史信息，可根据信息本身的重要程度来确定存贮时间长短，一般是成批处理；而对当前信息，一般是要求马上处理，而不能等成批后再进行处理。另外，根据历史信息和当前信息可以预测未来信息。

（4）信息的来源：根据信息的来源不同，可把信息分为系统内部信息和系统外部信息。对于外界来的信息，其格式和内容都不是本组织系统所能左右的，因此，必须作适当加工后才能进入系统（如施工项目信息管理系统）处理。由本组织系统内部获得的信息，可对其收集、整理、格式、内容等提出要求。例如，一般要求用表格的形式提供有关信息，并对表格的内容和栏目做出规定。在条件许可时，可要求使用计算机软盘或利用计算机网络（如使用电子邮件）提供有关项目信息。

（5）信息量：信息量是指信息的种数和每种信息在一定时间阶段发生的数量。信息量的大小对确定信息管理人员的配备及计算机信息管理系统的软件和硬件有直接影响，是信息管理系统的重要指标。

（6）信息的使用频率：这里是指单位时间内使用信息的平均次数。应该准确分析信息使用频率的高低，对使用频率不同的数据，采取不同的组织和处理方法。例如，在施工项目管理中，对有关施工进度计划方面的信息，一般来说使用频率很高，因此通常存储在计算机中，以便随时查询和根据实际情况及时进行调整；而对于项目相关人员资格证明方面的信息，相对而言使用频率要低，因此可在计算机内建立目录文件，并注明存放地点，将资格证明的有关文件存档即可。

（7）信息的重要程度：这有两方面的含义，一方面是指对校验功能的要求，另一方面是指保密程度的要求。按不同的要求，应对信息采取不同的校验方法和保密手段。

二、施工项目管理中的信息分类

由于施工项目管理中的信息面广量大，为了便于管理和应用，有必要将种类繁多的大量信息进行分类。

1．按照施工项目管理的目标划分

（1）成本控制信息：成本控制信息是指与成本控制直接有关的信息，如施工项目的成本计划、施工任务单、限额领料单、施工定额、对外分包经济合同、成本统计报表、原材料价格、机械设备台班费、人工费、运杂费等。

（2）质量控制信息：质量控制信息是指与施工项目质量控制直接有关的信息。如国家或地方政府部门颁布的有关质量政策、法令、法规和标准等，质量目标的分解图表、质量控制的工作流程和工作制度、质量保证体系的组成、质量抽样检查的数据、各种材料设备的合格证、质量证明书、检测报告等。

（3）进度控制信息：进度控制信息是指与施工项目进度控制直接有关的信息。如施工项目进度计划、施工定额、进度控制的工作流程和工作制度、进度目标的分解图表、材料和设备的到货计划、各分项分部工程的进度计划、进度记录等。

2．按施工项目管理的工作流程划分

（1）计划信息：如已有的统计资料、要完成的各项指标、上级企业的有关计划、工程施工的预测等。

（2）执行信息：如下达的各项计划、指示、命令等。

（3）检查信息：如工程的实际进度，成本、质量等的实施状况。

（4）反馈信息：如各项调整措施、意见、改进的办法和方案等。

3．按信息的来源划分

（1）施工项目的内部信息：内部信息取自施工项目本身，如工程概况、施工项目的成本目标、质量目标和进度目标、施工方案、施工进度、施工完成的各项技术经济指标、资料管理制度、项目经理部的组织等。

（2）施工项目的外部信息：来自施工项目上其他单位及外部环境的信息称为外部信息。如监理通知、设计变更、国家有关的政策及法规、国内及国际市场上原材料及设备价格、物价指数、类似工程的进度计划等。

4. 按照信息的稳定程度划分

（1）固定信息：固定信息是指在一定的时间内相对稳定的信息。这类信息又可分为三种：

1）标准信息：主要是指各种定额和标准。如施工定额、原材料消耗定额、生产作业计划标准、设备和工具的耗损程度等。

2）计划信息：主要是指反映在计划期内已经确定的各项任务和指标等。

3）查询信息：这是指在一个较长时间内，很少发生变更的信息。如政府部门颁发的技术标准、不变价格、各项施工现场管理工作制度等。

（2）流动信息：流动信息是指在不断变化着的信息。如质量、成本及进度的统计信息，反映在某一时刻施工项目的实际进展及计划完成情况的信息等。再如，原材料消耗量、机械台班数、人工工日数等，也都属于流动信息。

5. 按照信息的性质划分

（1）生产信息：指的是生产过程中的信息，如施工进度计划、材料消耗、库存储备等。

（2）技术信息：指的是技术部门提供的信息，如技术规范、施工方案、技术交底等。

（3）经济信息：如施工项目成本计划、成本统计报表、资金耗用等信息。

（4）资源信息：如资金来源、劳动力供应、材料供应等信息。

6. 按其他标准划分

按照信息范围的大小不同，可以把施工项目管理中的信息分为精细的信息和摘要的信息两类。精细的信息比较具体详尽，一般提供给基层使用；而摘要的信息比较概括抽象，一般提供给上级部门和领导层使用。

按照信息发生的时间不同，可以把施工项目管理中的信息分为历史性的信息和预测性的信息两大类。历史性的信息是有关过去的信息，预测性的信息是有关未来的信息。

通过按照一定的标准将施工项目管理中的信息予以分类，有助于根据施工项目管理工作的不同要求，提供适当的信息，从而保障施工项目管理工作的顺利进行。

三、施工项目信息管理

信息管理是信息的收集、整理、处理、存储、传递和应用的总称。信息管理的主要作用是通过动态、及时的信息处理和有组织的信息流通，使指挥和各级管理人员能全面、及时、准确地获得所需的信息，以便采取正确的决策和行动。

（一）施工项目信息管理的基本要求

为了能够全面、及时、准确地向项目管理人员提供有关信息，施工项目信息管理应满足以下几方面的基本要求。

1. 有严格的时效性

一项信息如果不严格注意时间，那么信息的价值就会随之消失。因此，能适时提供信息，往往对指导工程施工十分有利，甚至可以取得很大的经济效益。要严格保证信息的时效性，应注意解决以下的问题。

（1）当信息分散于不同地区时，如何能够迅速而有效地进行收集和传递工作。

（2）当各项信息的口径不一、参差不齐时，如何处理。

（3）采取何种方法、何种手段能在很短的时间内将各项信息加工整理成符合目的和要求的信息。

（4）使用计算机进行自动化处理信息的可能性和处理方式。

2．有必要的精度

要使信息具有必要的精度，需要对原始数据进行认真的审查和必要的校核，避免分类和计算的错误。即使是加工整理后的资料，也需要做细致的复核。这样，才能使信息有效可靠。但信息的精度应以满足使用要求为限，并不一定是越精确越好，因为不必要的精度，需耗用更多的精力、费用和时间，容易造成浪费。

3．要考虑信息成本

各项资料的收集和处理所需要的费用直接与信息收集的多少有关，如果要求愈细、愈完整，则费用将愈高。例如，如果每天都将施工项目上的进度信息收集完整，则势必会耗费大量的人力、时间和费用，这将使信息的成本显著提高。因此，在进行施工项目信息管理时，必须要综合考虑信息成本及信息所产生的收益，寻求最佳的切入点。

4．要有针对性和实用性

信息管理的重要任务之一，就是如何根据需要，提供针对性强、十分适用的信息。如果仅仅能提供成叠的细部资料，其中又只能反映一些普通的、并不重要的变化，这样，会使决策者不仅要花费许多时间去阅览这些作用不大的繁琐细况，而且仍得不到决策所需要的信息，使得信息管理起不到应有的作用。为避免此类情况的发生，信息管理中应采取如下措施：

（1）可通过运用数理统计等方法，对搜集的大量庞杂的数据进行分析，找出影响重大的方面和因素，并力求给予定性和定量的描述。

（2）要将过去和现在、内部和外部、计划与实施等加以对比分析，使之可明确看出当前的情况和发展的趋势。

（3）要有适当的预测和决策支持信息，使之更好地为管理决策服务，以取得应有的效益。

（二）施工项目信息管理的内容

施工项目信息管理的内容包括建立信息的代码系统、明确信息流程、制定信息收集制度及进行信息处理。

1．建立信息代码系统

在信息管理的过程中，随时都可能产生大量的信息（如报表、数字、文字、声像等），用文字来描述其特征已不能满足现代化管理的要求。因此，必须赋予信息一组能反映其主要特征的代码，用以表征信息的实体或属性，以便于利用计算机进行管理。信息的编码是施工项目信息管理的基础。在进行信息的编码设计时，一般应考虑如下几个方面的问题：

（1）代码系统的可扩充性　所有的代码系统应当具有可扩充性，所谓可扩充性是指在不需调整和修改原有代码系统基本结构的前提下代码列表增加条目的能力。为了保证适当的可扩充性，在代码系统适当的层次和位置对每一代码位要留有可扩充的余地，而不是仅在系统整个范围内的某一部分留有余地。也就是说代码设计时要留出足够的位置，以适应未来的需要，但是留空太多，长时间不能利用，也是没有必要的。一般来说，代码越短，计算机进行分类、存贮和传递的时间就越短；代码越长，对数据检索、统计分析和满足信息处理多样化的要求就越好。

（2）代码系统采用的符号　编码的过程实际上是逐个把一个或一组符号指定给信息条目列表中的每一个条目，以便被编码的条目可以绝对地区别于列表中的其他条目。需要编码的条目可能是毫无规律地罗列在一起，也可能已经过分类而使条目的排列次序具有一定的含义。无论是哪种情况，所采用的编码系统都应能够处理，并且在系统内部能够进行适当的分类。通常所采用的业务信息编码系统根据编码的需要，要么使用字母进行编码，要么使用数字进行编码，或者同时使用数字和字母。在上述所有这些可能的选择中，人们较愿意采用纯数字编码系统。

采用纯数字进行编码有一定的局限性，因为仅有 10 个符号可以使用，即 0 至 9。这就意味着在编码的每一个位置仅有 10 种可能的变化。但另一方面，数字在表达优先次序时又易于理解并包含更多的意义。由于只有 10 个数字，这样 2 位数字编码可以表示 100 项，3 位可以表示 1000 项，等等。

纯字母编码系统具有一定的好处：一共有 26 个英文字母，在编码的每一位上就可有这么多种选择。但实际上，为避免与数字 1 混淆而省去字母 I，因数字 0、2 而省去字母 O、Z，同样的理由而省去 J 和 Q，经过如此挑选后仅有 21 个字母可用，这样两位编码可表示 441 项，3 位可表示 9261 项，等等。使用字母编码的另一个好处在于可使用某条目的首字母来代表该条目。例如，E 可用来代表土方工程（Excavation），C 代表混凝土工程（Concreting），等等。但有时需要使用两个字母才能区分具有相同首字母的两个条目，例如排水（Pumping）和粉刷（Painting），这时在原编码系统中需当作例外来处理。一旦作了这样的处理，编码的逻辑性就遭到了破坏，字母符号在此方面的优点便受到了很大的削弱。使用字母符号也有其不利之处：一是容易导致许多抄写错误；另一方面，在编码较长时，由于整个编码不易发音而导致很难读写。

在业务信息编码系统中，同时使用数字和字母进行编码没有什么很大的价值，并且也具有上述所列的诸多不利之处，而好处则很有限。但我们日常生活中也有组合使用数字和字母进行编码的例子，比较典型的就是负责分配机动车车牌号码的计算机系统。正如机动车车牌号码一样，在需要组合使用数字和字母的地方，我们可以发现，数字和字母都自成一组，而不是随意地混在一起使用，在这种情况下数字和字母的差异就变得不太明显。

（3）代码系统的编码规则　在确定代码系统所用符号后，就需要建立一套编码规则，以反映编码中每一位的确切含义。通常情况下，只要不降低代码系统的可扩充性及满足被编码对象（即信息）检索或存贮方面的灵敏性，代码的长度越短越好。而且，简洁的代码有助于消除抄写错误，同时也使常用的信息代码便于记忆。在代码长度方面，应尽可能保持一致，例如用 002～599，而不用 2～599。这样在没有辅助检查的情况下，有助于防止在抄写或记录时丢掉某一位。在利用计算机进行信息处理时就更需如此，因为通常在计算机里都会提供一个信息自动检查系统，用以保证输入到计算机系统中的信息的正确性。对代码名的另一个要求是，在可能的情况下要便于按类型进行成本信息的分类和统计。例如在施工项目成本管理中，可能因为某一专门合同或成本报表而需要将与土方工程或砌筑工程相关的所有成本信息摘出来，也可能需要检查一下一周全部人工费，或者需要提供成批浇筑混凝土的全部费用，等等。

（4）代码系统的编码方法　顺序编码法是一种较为简单的编码方法，它仅仅按排列的先后顺序对每一项进行编号，尽管简单明了、代码短，但是没有逻辑基础，本身不能说明任何信息特征，除非碰巧是某个常用的条目，否则不查询主登记表是不可能了解代码的含义的。另一方面，这种方法使用又比较广泛，因为常遇到的情况是：在建立编码系统时，对未来系统的发展不清楚并且也无法做出恰当的估计。这时，此方法可以很方便地对条目表进行编码，而不需对条目的内涵有专门的了解，并且具有几乎无限的可扩充性。

另一种方法为表意式编码法，它通过助记符来描述，这样在没有说明详细的总条目表的情形下，也可以通过联想回忆起其含义或特征。但在信息项较多的情况下，使用此法进行编码十分困难，甚至几乎不可能。在计算机高级语言（如 FORTRAN）中助记符却很普遍，人们经常用一个单词短语来代表一个变量。例如，变量 Lcost 可用来代表某施工工序上的各种人工费，它的值可以通过该工序所消耗的人工日及人工工资表计算后确定。助记符的使用范围很有限，通常它仅适用于信息项较少的情况（一般少于 50 个）。此外，太长的助记符占用过多的计算机存贮空间，也是不好的。

第三种编码方法，是基于标准分类的编码方法，它可能是最重要和最有用的方法，同样也是进行施工项目统计和核算所愿意采用的方法。这种方法的基础是把要编码的条目表详细划分为若干类型。其实，这种方法很类似于图书馆中的十进制分类，即先把对象分成十大类，编以第一个号 0～9，再在每大类中分十小类，编以第二个号 0～9，依次编下去。在待编条目规模很大时使用这种分类编码法具有很多优越性：一方面便于确定各信息项的分类及特性；另一方面便于信息项的添加；再就是它的逻辑意义清楚，便于进行信息项的排序、检索及分类统计。

对民用建筑工程来说，施工项目成本信息可采用图 1-1 所示的编码方案。图中采用树的形式表示了整个的编码结构，第一级代码代表单位工程成本，第二级代码代表该单位工程下的分部工程成本，第三级代表各分项工程成本，第四级将分项工程成本进一步细分为人工费、材料费、机械费、分包费等费用条目。

2．明确施工项目管理中的信息流程

信息流程反映了施工项目上各有关单位及人员之间的关系。显然，信息流程畅通，将给施工项目信息管理工作带来很大的方便和好处。相反，信息流程混乱，信息管理工作是无法进行的。为了保证施工项目管理工作的顺利进行，必须使信息在施工管理的上下级之间、有关单位之间和外部环境之间流动，这称为"信息流"。需要指出的是，信息流不是信息，而是信息流通的渠道。在施工项目管理中，通常接触到的信息流有以下几个方面：

（1）管理系统的纵向信息流　包括由上层下达到基层，或由基层反映到上层的各种信息，既可以是命令、指示、通知等，也可以是报表、原始记录数据、统计资料和情况报告等。

（2）管理系统的横向信息流　包括同一层次、各工作部门之间的信息关系。有了横向信息，各部门之间就能做到分工协作，共同完成目标。许多事例表明，在施工项目管理中往往由于横向信息不通畅而造成进度拖延。例如，材料供应部门不了解工程部门的安排，造成供应工作与施工需要脱节。类似的情况经常发生，因此加强横向信息交流十分重要。

（3）外部系统的信息流　包括同施工项目上其他有关单位及外部环境之间的信息关系。

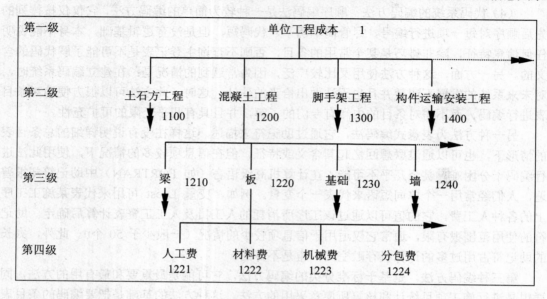

图 1-1　单位工程成本信息编码示意图

上述三种信息流都应有明晰的流线，并都要保持畅通。否则，施工项目管理人员将无法得到必要的信息，就会失去控制的基础、决策的依据和协调的媒介，项目管理工作必将一事无成。

3．制定施工项目管理中的信息收集制度

施工项目管理中的信息收集，是指收集施工项目上与管理有关的各种原始信息，这是一项很重要的基础工作。施工项目信息管理工作质量的好坏，很大程度上取决于原始资料的全面性和可靠性。因此，建立一套完善的信息收集制度是极其必要的。一般而言，信息收集制度中应包括信息来源、要收集的信息内容、标准、时间要求、传递途径、反馈的范围、责任人员的工作职责、工作程序等有关内容。需要收集的信息内容由施工项目管理的客观需要决定，通常包括工程的实际状况（包括有关进度、资源、成本等方面的数据）、文档资料（如工程管理文件、施工技术资料、机械施工资料、工程监理资料、文明施工资料、检查考评资料、施工日志、会议纪要等）、环境变化等有关的信息和资料。

4．施工项目管理中的信息处理

在工程项目施工过程中，所发生并经过收集和整理的信息、资料，内容和数量相当多。而在施工项目管理的过程中，可能随时需要使用其中的某些资料，为了便于管理和使用，必须对所收集到的信息、资料进行处理。

（1）信息处理的要求　要使信息能有效地发挥作用，在处理它的过程中就必须做到及时、准确、适用、经济。

及时，就是信息的处理速度要快，要能够及时处理完对施工项目进行动态管理所需要的大量信息。

准确，就是在信息处理的过程中，必须做到去伪存真，使经处理后的信息能客观、如实地反映实际情况。

适用，就是经处理后的信息必须能满足施工项目管理工作的实际需要。也就是说，信息经过处理后，施工项目管理人员在三大控制上，或在管理决策上，或在协调工作上都能得心应手地随时使用。

经济，就是指信息处理采取什么样的方式，才能达到取得最大的经济效果的目的。信息处理采取什么样的方式，与其他事物一样，同样存在价值论的问题。信息处理既要求及时、准确、适用，经济效果也是信息处理的要求之一。否则，采取劳民伤财的信息处理方式，就违背了施工项目管理工作的本意。

（2）信息处理的内容　信息的处理一般包括信息的收集、加工、传输、存储、检索和输出六项内容。

1）收集，就是收集原始数据。这是很重要的基础工作，信息处理的质量好坏，在很大程度上取决于原始数据的全面性和可靠性。

2）加工，这是信息处理的基本内容。原始数据收集后，需要将其进行加工，以使其成为有用的信息。一般加工的操作有：①依据一定的标准将数据进行排序或分组；②将两个或多个简单有序的数据按一定顺序进行连接、合并；③按照不同的目的计算求和或求平均值等；④为快速查找建立索引或目录文件等。

根据不同管理层次对信息的不同需求，信息的加工从浅到深一般分为三个层次：

①初级加工：如筛选、校核和整理等。

②综合分析：将基础数据综合成决策信息，供有关管理人员决策使用。

③借助于数学模型统计分析和推断：根据具体信息或数据内容，借助于已有的数学模型（如网络计划技术模型、线性规划模型、存贮模型等）进行统计计算和预测，为施工项目管理工作提供辅助决策。

3）传输，就是指信息借助于一定的载体（如纸张、胶片、磁带、软盘、光盘、计算机网络等），在参与施工项目管理工作的各部门、各单位之间进行传播。通过传输，形成各种信息流，畅通的信息流会不断地将有关信息传送到施工项目管理人员的手中，成为他们开展工作的依据。

4）存储，是指对处理后的信息的存储。处理后的信息，有的并非立即就使用，有的虽然立即就使用，但日后还需使用或作参考，因此就需要将它们存储起来，建立档案，妥为保管。

5）检索，是指对某个或某些要用的信息进行查找的方法和手段。施工项目管理工作中存储有大量的信息，为了查找方便，就需要建立一套科学、迅速的检索方法，以便施工项目管理人员能全面、及时、准确地获得所需要的信息。

6）输出，就是将处理好的信息按各管理层次的不同要求编制打印成各种报表和文件，或者以电子邮件、Web 网页等电子形式加以发布。

（3）信息处理的方式　信息处理的方式一般有三种，即手工处理方式、机械处理方式和计算机处理方式。

1）手工处理方式：手工处理方式是一种最为简单和最原始的信息处理方式。它对信息单纯依靠人力进行手工处理。例如，在信息收集上，是依靠人的填写来收集原始数据；在信息的加工上，靠人采用笔、纸、算盘、计算器等来进行分类、比较和计算；在信息的存储上，靠人通过档案来保存和存储资料；在信息的输出上，靠人来编制报表、文件，并靠人用电话、信函等发出通知、报表和文件。

手工处理的方式对于一般工程量不大、施工项目管理内容比较单一、信息量较少、固定信息较多的场合是可以适用的。

2）机械处理方式：机械处理方式是利用机械或简单的电动机械、工具进行数据加工和信息处理的一种方式。例如，用条码识别仪器对进场建筑材料、构配件的有关数据进行自动采集，利用可编程计算器等进行数据加工；用中、英文打字机进行报表、文件的打印等。

机械处理方式同手工处理方式相比而言，由于利用了机械、电动工具，加快了数据处理的速度，提高了信息处理的效率，所以在一般场合下，应用比较广泛。但是，这种方式并没有改变信息处理的过程，也就是说，对信息处理没有实质性的改进。

3）计算机处理方式：计算机处理方式是利用电子计算机进行信息处理的方式。电子计算机不仅可以接受、存储大量的信息资料，而且可以按照人们事先编制好的程序（如电子表格软件、项目管理软件等），自动、快速地对信息进行深度处理和综合加工，并能够输出多种满足不同管理层次需要的处理结果，同时也可以根据需要对信息进行快速检索和传输。

在施工项目管理中，特别是进行施工项目目标控制时，需要对工程上发生的大量动态信息及时进行快速、准确的处理，此时，仅靠手工处理方式或机械处理方式将无法满足管理工作的要求。因此，要做好施工项目管理工作中的信息处理工作，必须借助于电子计算机这一现代化工具来完成。

第二节　计算机基础知识

一、计算机简述

电子计算机是一种能够按照指令对各种数据和信息进行自动加工和处理的电子设备。它的英文是 computer，又称为电脑。计算机和电脑都是电子计算机的简称。

作为 20 世纪最重大的发明之一，计算机正对我们的工作和生活产生越来越大的影响。自从 1946 年第一台电子计算机在美国问世以来，计算机的发展大致经历了如下几个发展阶段：电子管时代、晶体管时代、集成电路时代、大规模集成电路时代和超大规模集成电路时代。在电子管时代，计算机不仅体积庞大（第一台电子计算机 ENIAC 占地 170m^2，重达 30t），运算速度慢，稳定性差，而且需要专业人员操作，数据的输入与输出极不方便，这些都极大地限制了计算机的应用。随着计算机技术的发展，特别是超大规模集成电路的开发应用，计算机不仅体积上大大减小（目前已出现掌上计算机和腕上手表式计算机），而且运算速度、存储容量、稳定性、易用性等诸多方面都得到了极大的改善和提高，计算机的应用已深入到我们工作和生活的方方面面。

1. 计算机的特点

计算机之所以能够广泛地应用到各行各业中，完成各种复杂的任务，主要是因为它有其独特的特点。

（1）运算速度快：计算机的发明就是为了计算大量的数据，在运算器中它的运算速度是无人可比的，这样就可以把人类从繁重的计算工作中解放出来。

（2）计算精度高：计算机的运算精度通常情况下可以达到15位，能够满足我们的一般需要。随着计算机技术的提高，它可以实现任何精度的计算。另外，在各种复杂的控制操作中，它可以连续不断、不知疲惫地进行工作，能够避免人因为疲劳而出现的疏忽。

（3）具有记忆功能：计算机不同于一般的计算器，它可以记录大量的数据、程序、运算结果，并能随时调出来。这些都是由它的存储部件实现的。

（4）具有逻辑判断功能：这也是计算机不同于一般计算器的地方，它可以像人一样进行简单的逻辑判断，这也是将它称为电脑的原因。但计算机又和人脑有很大的不同，它的逻辑判断功能是基于人们给它输入的程序，它不能自己进行独立的思考。

（5）高度自动化：计算机是根据人所输入的程序进行工作的，只要人将程序输入并发出执行的指令，那么计算机就可以自己工作，并且可以不间断。

2．计算机的应用领域

由于计算机具有高速、自动的处理能力和很强的推理、判断功能，并能够存储大量的信息，因此被广泛应用于各个领域，并逐渐深入到社会的各个方面，而且有上升和扩展的趋势。目前，计算机的应用可以概括为以下几个方面。

（1）科学计算：这是计算机最初的主要功能。计算机作为一种计算工具，进行计算又快又精确，可以为我们解决很多实际问题，如用于计算卫星轨道、天气预报、宇宙飞船的研制等等。这些工作都需要准确和快速的计算，如果靠人来计算这些数据，不仅速度慢，而且可靠性低。计算机的使用让人们摆脱了繁重的计算工作，并节省了大量的人力和物力。

（2）信息处理：信息处理是计算机应用最广泛的领域之一。信息是对事物的存在方式、运动状态和相互联系的特征的表达和陈述，通过信息我们可以了解不熟悉的事物。信息处理就是指用计算机对各种形式的信息进行收集、存储、加工和传递等工作，其目的是为有各种需求的人们提供有价值的信息，作为管理和决策的依据。

（3）过程控制：这是生产自动化的重要技术和手段。计算机通过对生产中所采集的数据按事先编好的程序进行分析，然后再给相应的设备下达命令进行相应的过程。这样可以大大促进自动化技术的提高，节省大量的人力和物力并且可以提高加工精度，改善人们的工作环境，保证产品质量的稳定性。如一些危险工序、繁琐工序、精密工序等等，都可以使用计算机来进行操作控制。如果再与信息处理相联系，甚至可以实现无人工厂。

（4）计算机辅助系统：CAD 即人们常说的计算机辅助设计，它可以利用事先编制好的程序来帮助设计人员完成复杂的计算，或用专用的绘图软件来协助设计人员绘制设计图纸，设计人员只须根据自己的设计意图进行修改即可，这样可以大量节省设计人员的精力、缩短设计周期和提高设计能力。

另外，计算机还可以根据 CAD 系统所输出的信息通过专门的设备进行加工制造，这就是经常说的 CAM（计算机辅助制造系统）。通过计算机辅助制造系统可以提高产品质量、降低生产成本和缩短生产周期，并能大大改善制造人员的工作条件。

除此而外，计算机还可用于教学。通过把教学内容、练习题目、测试题目等等输入到计算机中，利用 CAI（计算机辅助教学系统）学习者就可以自己决定学习方法和学习内容，并能自我检测学习效果。另外，还可以利用计算机来模拟许多在理想状态下的实验，帮助人们理解定理、定义，这样可以省时省力，节约开支。

（5）人工智能：这是计算机发展的方向。人工智能是指利用计算机对人进行智能模拟。它包括用计算机模拟人的感知能力、思维能力和行为能力等。随着对人工智能的进一步研究，智能机器人将会出现在我们身边。

3．计算机的分类

计算机的种类很多，通常有以下三种分类方法：

（1）按功能和用途分：可分为专用计算机和通用计算机两大类。应用于某一特定领域的计算机为专用计算机，广泛应用于各个领域的为通用计算机。相比较而言，专用计算机精度更高，速度更快，效率更高，但只适用于某种特殊环境。

（2）按原理来分：可分为数字计算机、模拟计算机和混合计算机三类。所谓数字计算机或模拟计算机是指它们所处理的信号是数字类型还是模拟类型。数字计算机所处理的是不连续的数字数据，模拟计算机所处理的是连续的模拟数据，它是由物理的电流和连续变化的电压模拟产生的。一般来说，数字计算机比模拟计算机更精确。混合计算机就是将两种计算机的优点结合起来，既可以接受数字信息又可以接受模拟信息，最后按要求输出结果。由于数字计算机的应用最为广泛，因此一般所说的电子计算机通常是指电子数字计算机。

（3）按性能和规模分：这是通常使用的分类方法，考虑的主要依据有下列几项：存储量、运算速度、允许同时使用计算机的用户数以及价格。具体来说可以分为巨型计算机、大型计算机、中型计算机、小型计算机、微型计算机和单片机六大类。

巨型计算机功能最强，速度最快，价格也最昂贵。它可供几百个用户同时使用。这种计算机通常使用在科学研究、气象预报、战略武器研制等尖端领域，只有少数国家可以生产。我国自行研制的银河百亿次机就属于巨型计算机。

大型计算机的存储量也相当大，允许同时使用的用户虽然也很多，但要少于巨型机。不同型号的大型计算机通常可以使用同一软件。它们常用于大型企业、商业管理或大型数据库管理系统，也常用作大型计算机网络中心的主机。

小型计算机的规模较小，能支持几十个用户同时使用，价格便宜，适于中小企业使用。

微型计算机（简称微机）小巧、灵活、便宜，通常一次只能供一个用户使用，所以微型计算机也叫个人计算机（英文缩写为 PC），通常又称 PC 机。我们接触最多、最常见的计算机就是通用数字微型计算机。微型机又可分为台式、便携式和掌上型等多种形式。

单片机是指把计算机微缩在一块线路板上，然后安装在其他设备中用于处理其数据并控制其运行，这就是人们常说的"微电脑控制"。

现在一般使用的个人计算机（PC 机）指的就是微型计算机，是计算机中最流行的一种。微型计算机以它的体积小、重量轻、成本低、功耗低和价格便宜等特点赢得了人们的喜欢。

二、微型计算机系统

微型计算机系统包括硬件系统和软件系统两大部分，如图 1-2 所示。硬件系统和软件系统互相支持、协同工作。没有软件计算机硬件系统根本无法工作，没有完整的硬件系统或硬件性能不够，软件也不能充分发挥作用。

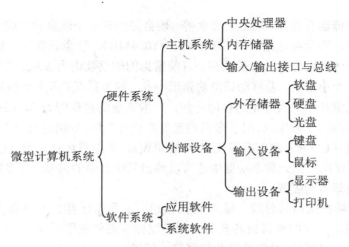

图1-2　微型计算机系统的组成

1. 微型计算机的硬件系统

平常所见到的微机从外表上看主要由主机箱、显示器和键盘三大部分组成（如图 1-3 所示），这是微机硬件系统的基本配置。有时根据需要还会给它添置一些其他设备，比如鼠标、打印机、光盘驱动器等。微机硬件系统中的主机系统和外部存储设备（如硬盘、光驱、软驱等）通常都位于主机箱内，主机箱可以是立式的也可以是卧式的，其他的外部设备（如键盘、鼠标、显示器、打印机等）则在主机箱以外。下面逐一介绍微机系统的这些硬件。

（1）中央处理器　中央处理器就是常说的 CPU。它是计算机的核心部件，但它并不大。CPU 主要由运算器和控制器两部分组成，运算器又称为算术逻辑单元（ALU），用来进行加、减、乘、除等算术运算和"与"、"或"、"非"等逻辑运算；控制器是计算机的指挥中心，计算机的各部分都在它的指挥下协调工作。运算器和控制器两部分共同完成指令的解释和执行。CPU 的性能在一定程度上决定了由它所构成的计算机的性能，所以人们通常以计算机中 CPU 的型号来称呼一台计算机。

（2）存储器　存储器也是微型计算机的主要部分。微型计算机使用存储器来存放程序、原始数据和中间结果等信息。在存储器中，所有的信息都用二进制表示，所以可以认为存储器的基本功能就是存储所有二进制形式的信息。

在微型计算机中，存储器的种类很多，通常按照所处的物理位置将它们划分为内存储器（即常说的内存）和外存储器。内存储器直接插在主机箱中主板上的内存插槽内，而外存储器一般需使用数据线连接到主板上。

图1-3　微型计算机的外形

按照工作原理，内存可以分为随机存取存储器和只读存储器。随机存取存储器（RAM）是既能读又能写的存储器，但其中的信息会因关机而丢失；只读存储器（ROM）只允许从中读出信息而不能写入信息，其中的信息不会因为关机而丢失。只读存储器一般用来存放固定不变的程序和数据。

常用的外存储器有硬盘、软盘和光盘等。硬盘是由若干个硬盘片组成的盘片组，它通常固定在主机箱内，容量可达几十个 GB（1GB＝1024MB）。软盘只有一个软盘片，需要插入到软盘驱动器中才可以进行信息的读写。目前常见的软盘规格为 3.5in，容量为 1.44MB。在软盘边框处有一个小滑块，若移动该滑块露出小孔（称为写保护孔）则该软盘只能读出而不能写入信息。光盘是一种大容量的存储介质，一般光盘的容量约为 650MB，相当于 400 多张 3.5in 软盘的容量。一般来说，用于微机的光盘主要有三种，分别是只读性光盘（CD-ROM）、一次性写入光盘（CD-R）和可擦写光盘（CD-RW），其中只读性光盘（CD-ROM）应用最为广泛。光盘需要插入到光盘驱动器中才可以读出其中存储的信息。在多媒体计算机中，光盘驱动器已成为基本的配置。

（3）输入/输出接口与总线　输入/输出接口（又称 I/O 接口）是微机与外部设备之间交换信息的通路。不同的外部设备要与主机系统相连需要使用不同的接口。例如，硬盘通常使用 ATA 接口，打印机通常使用并行接口，等等。

总线是计算机硬件系统中用于传送数据和控制信号的公共通道，它将 CPU、存储器和 I/O 接口等功能部件连接起来，构成微型计算机的主机系统。总线又可具体分为控制总线、地址总线和数据总线三种，分别用于传输控制信号、地址和数据。总线的宽度和计算机处理数据的字长有关，目前的微机通常为 32 位。

（4）输入/输出设备　输入/输出设备是计算机与人直接进行交流的部件。常用的输入设备有键盘和鼠标，常用的输出设备有显示器、打印机等。此外，像扫描仪、数码相机这样的设备也属于输入设备。

1）键盘　键盘主要通过按键将信息输入。其主体与英文打字机相似，主要包括字母键、数字键、常用符号键、空格键、回车键等等。虽然目前鼠标的使用已比较广泛，但键盘一直没有被废弃，在进行输入时还经常需要使用键盘。

2）鼠标　鼠标的使用是随着 Windows 操作系统的出现而发展起来的，它能够很方便地实现人机对话，使用起来非常方便，移动也比较灵活。鼠标主要有机械式和光电式两种：机械式鼠标价格较低，使用起来也比较方便，所以使用比较广泛，但它的可靠性较差，准确性较低；光电式鼠标准确性好，但是必须使用专门配置的带小方格的专用垫板，同时价格也比较昂贵。用户可根据实际情况来加以选择。

3）显示器　显示器是计算机系统必备的设备，也是广泛使用的输出设备。显示器的屏幕由一个个很小的光点组成，这些光点称为像素，光点越多则图像越清晰，也就是分辨率越高。分辨率是显示器的一项重要指标，它一般用光点的行数和每行光点数的乘积来加以表示，所以分辨率越高则图像越清晰。此外，显示器还有单色和彩色之分，现在通常使用的都是彩色显示器。

4）打印机　打印机也是一种基本的输出设备，但不是必备设备。它可以将计算机中的信息以书面形式输出，从而便于保存。常用的打印机有针式打印机、喷墨打印机和激光打印机三种。其中激光打印机打印效果最好，打印速度最快；针式打印机打印成本最低，打印效果最差，但可用于票据打印；喷墨打印机价格便宜，打印效果也不错，但打印成本较高。用户可根据实际情况加以选择。

2．微型计算机的软件系统

微型计算机的软件系统一般可分为系统软件和应用软件两个主要部分，如图 1-4 所示。

在微型计算机软件系统中，应用软件可根据用户的需要进行安装或删除，这里就不作详细介绍了。而系统软件则是计算机必备的基本软件，它用来实现计算机系统的管理、控制、运行和维护等工作，并且可完成应用程序的装入、编译等任务。

操作系统又是最基本的系统软件，它可以看做是用户与计算机联系的接口，用户必须通过操作系统来使用计算机，命令计算机完成相应的任务。计算

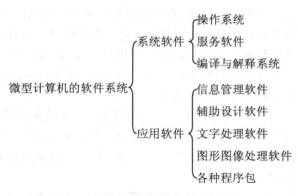

图 1-4　微型计算机软件系统的组成

机操作系统可以完成处理器管理、存储器管理、设备管理、文件管理和作业管理等任务。

根据所提供的功能，操作系统可分为单用户操作系统、批处理操作系统、实时操作系统、分时操作系统、网络操作系统和分布式操作系统。微机上常用的操作系统有 DOS、OS/2、Windows、Unix/Linux 等。这里，DOS 操作系统是单用户单任务的操作系统，它采用字符界面，一般需通过键盘输入命令来使用计算机；而 Windows 操作系统则是一个单用户多任务的操作系统，由于它采用图形界面，操作起来比较简便，所以现在比较常用。本书后续章节中所介绍的应用软件都是在 Windows 操作系统下运行的，因此下一章将简要介绍目前流行的 Windows 98 操作系统的使用方法。

第三节　计算机在施工项目信息管理中的应用

随着建筑工程规模的日益扩大，专业分包单位的增多，施工项目管理中的信息量亦相应大量增加，完全依靠传统的人工处理方式或机械处理方式，势将愈来愈不适应施工项目管理工作的要求。为了提高信息管理的现代化水平，必须依靠电子计算机这一现代化工具，同时还需具备相应的管理结构、工作程序和信息管理方面的计算机软件。

一、施工项目信息管理中应用计算机的基础工作

要在施工项目信息管理中用好计算机，使计算机更好地为管理工作服务，需要做好以下几方面的基础性工作：

（1）确定好施工项目管理中必须处理的信息种类、信息内容和数据量。

（2）确定信息处理的方式和方案。例如，设计数据采集、跟踪用表，确定数据加工方式、时间、标准、精度等，确定存储形式、传输形式、检索方法、输出结果的形式等。

（3）设计出信息管理的系统流程图，使项目施工全过程中的各类信息从收集、整理、加工、传递、反馈、保管都有具体的责任者和规定的程序，并对传递途径和时间要求也要作详细规定。另外，还需注意通过建立管理制度使信息流程规范化，并借助于各种图表使其形象化，以便于各级管理人员理解、掌握和遵照执行。

（4）设计出在施工项目信息管理中应用计算机的实施步骤，使计算机的应用与施工项目管理的正常工作有机地融合到一起。

（5）配备足够的性能满足要求的计算机，并在计算机上安装信息管理中需要使用的相关软件，如文字处理软件、电子表格软件、项目管理软件、质量管理软件、材料管理软件、文档管理软件等。同时，根据施工项目管理工作的实际需要将项目上的计算机互联，或者与企业的计算机相联，或者与国际互联网 Internet 相联，以满足信息收集、加工、存储、检索、输出等方面的需要。

（6）建立必要的信息管理组织、制度和程序。如配备一些既懂项目管理又懂计算机应用的专职信息管理人员，制订"计算机辅助施工项目信息管理的实施条例"、"网络计划反馈与调整报告制度"、"资源成本统计反馈定期报告制度"、"ABC 信息管理制度"等有关制度，等等。

二、施工项目信息管理中应用计算机的形式

目前，在施工项目信息管理中，计算机的应用形式主要有以下几种：

（1）使用文字处理软件处理施工项目管理中的各类文档。这样一方面可以提高工作效率，另一方面也便于对这些文档进行重复利用。

（2）使用电子表格软件对施工项目管理中的大量数据（如混凝土强度数据、材料台账等）进行计算、统计、分析等工作，并输出直观形象的统计图表，供施工项目管理人员使用。

（3）使用项目管理软件对施工项目中的进度、资源、成本等信息进行动态管理，为施工项目的目标控制提供依据。

（4）使用某些专用软件对有关信息进行管理，如概预算软件、施工现场管理软件、材料管理软件、质量管理软件、合同管理软件、文档管理软件等。

在施工项目信息管理中，应根据项目管理工作的客观需要和施工项目的实际情况，采用上述的一种或数种形式来应用计算机，以达到全面、及时、准确地为施工项目管理工作提供信息的目的，从而为最终实现施工项目的总目标奠定基础。

第二章　Windows 98 操作系统

第一节　Windows 98 简介

　　Microsoft Windows 操作系统是目前微机上常用的一种操作系统，它提供了一个基于图形的多任务多窗口的操作环境。在操作方法上由于 Windows 操作系统使用了完全一致的图形用户界面，所有的应用程序都具有相同的外观和类似的对话框，因此用户不必花费很长的时间去学习新的应用程序的使用方法。中文 Windows 则是 Microsoft Windows 的中文化版本，本章主要介绍中文版的 Windows 98 操作系统。

一、Windows 98 的特点

　　Windows 98 系统同以前任何一个版本的 Windows 操作系统相比，更容易使用，可靠性更强，更容易维护，并且效率更高。以下是 Windows 98 的主要功能和特点：

　　（1）使用起来更方便。Windows 98 系统的界面更友好，功能更强大，操作更简单。它支持硬件的更新换代，可以实现下一代产品的即插即用。Windows 98 系统的联机帮助提供了全面的、不断更新的微软产品支持信息。此外，在 Windows 98 系统中，先进的配置和电源接口管理使新的 PC 和设备管理更加容易。

　　（2）运行更加快速可靠。在 Windows 98 系统中，应用程序的调用、系统的启动和关闭机器的时间更短。增强型 FAT32（32 位文件分配表）文件系统能够更加有效地存储文件，节省磁盘空间约 50%。定期测试硬盘、系统文件和配置信息，以提高系统的可靠性，并能在大多数情况下自动修复错误。

　　（3）与 Internet 完全兼容。Windows 98 系统内部集成了 Internet Explorer 5.0 网络浏览器，使得 Web 浏览更加快捷、方便。另外，活动桌面能够把 Internet 页面和内部网页直接显示在工作桌面上。

　　（4）提供了更多的娱乐功能。Windows 98 系统提供了对 DVD、多显示器的支持和对 TV Viewer 的硬件支持。

二、Windows 98 的启动

　　当打开安装有 Windows 98 系统的计算机电源后，如果系统自检没有发现问题，即进入 Windows 98 系统的启动阶段。启动成功后，屏幕上就显示如图 2-1 所示的 Windows 98 工作桌面。所谓工作桌面，就如同日常办公用的桌面一样。Windows 98 系统启动后，用户就可以在该桌面上进行操作了。

　　从图 2-1 中可以看出，启动后的 Windows 98 工作桌面主要包括以下两个部分：

　　（1）主画面：在主画面中有若干个图标，每个图标由一个小图形并配以说明文字构成，

它可能代表一个应用程序、一个文档、一个文件夹、一个设备等。将鼠标指针移到某图标上，并连续快速地击打鼠标左键两次，就可以打开此图标所代表的对象，进行有关的操作。Windows 98 系统启动后，其主画面中的图标个数与种类随用户工作习惯的不同而不同，用户可以根据自己的需要进行增加或删除。通常来说，总是将一些常用的图标放在主画面中，就如同总是将常用的办公用具放在办公桌面上一样。尽管主画面中的图标个数与种类在不同用户的计算机上存在着差别，但一般来说主画面中至

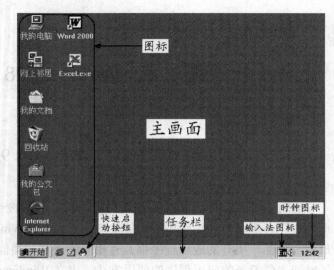

图 2-1　启动后的 Windows 98 工作桌面

少包含"我的电脑"、"网上邻居"、"回收站"、"我的文档"、"我的公文包"等几个最常用的图标。

（2）任务栏：任务栏一般位于桌面的底部。它的最左端是"开始"按钮，最右端是一些功能图标，如输入法图标、时钟图标等。将鼠标指针移到"开始"按钮上，击打鼠标左键就可以打开 Windows 98 的"开始"菜单，用户可以在该菜单中选择相应的命令进行有关操作。在"开始"按钮的右侧，通常有一个包含一些快速启动按钮的工具栏。将鼠标指针移到某快速启动按钮上，击打鼠标左键即可执行相应的操作。此外，在任务栏中还有一些空白位置用于放置任务按钮，当打开一个应用程序时就会在此位置上显示一个任务按钮。通过任务栏中的各任务按钮，就可以知道哪些应用程序目前正在运行，并且还可以方便地实现各应用程序窗口之间的切换。

三、Windows 98 的退出

在关闭计算机前必须正确退出 Windows 98 操作系统，否则可能会破坏一些未保存的文件和正在运行的程序。如果未退出 Windows 98 系统就强行关机，则系统会认为是非正常关闭，下次开机时会自动进行磁盘修复以使系统恢复正常。

退出 Windows 98 系统的正常次序是先关闭所有应用程序窗口，然后将鼠标指针移到屏幕左下角的"开始"按钮上，击打鼠标左键打开"开始"菜单，再将鼠标指针指向菜单中的"关闭系统"项，击打鼠标左键，屏幕上出现"关闭 Windows"对话框，如图 2-2 所示。该对话框中通常包含四个选项，各选项的功能分别介绍如下：

（1）将您的计算机转入睡眠状态：睡眠状态是使计算机处于一种低功耗状态，当用户一段时间内不用计算机，又不想关闭 Windows 98 系统时就可以选择这种状态。

（2）关闭计算机：表示在退出 Windows 98 系统后需要关闭计算机。选择此选项后，系统将进行关机前的善后处理工作。稍候片刻后，系统将关闭主机电源。注意，在一些早期的计算机上，系统可能无法直接关闭主机电源，屏幕上将会出现"现在您可以安全地关

闭计算机了"的提示信息，用户须自行关闭主机电源。在主机电源关闭后，用户可根据实际情况关闭显示器和其他设备的电源。

（3）重新启动计算机：表示在退出 Windows 98 系统后要重新启动计算机。此时，系统在完成所有的善后处理工作后，将重新启动计算机。

（4）重新启动计算机并切换到 MS-DOS 方式：表示在退出 Windows 98 系统后，重新启动计算机，然后进入 MS-DOS 操作系统进行操作。

根据需要将鼠标指针移到某个选项上，击打鼠标左键，此时该选项前的圆圈内会出现一个黑点，表示选中了该选项。然后将鼠标指针移到"是"按钮上，击打鼠标左键，这时系统会依据用户的选择进行操作。如果将鼠标指针移到"否"按钮上，再击打鼠标左键，则表示取消操作，这时系统会自动关闭对话框而不进行任何操作。

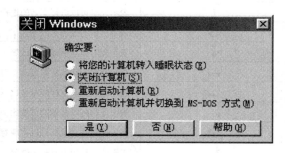

图 2-2 "关闭 Windows"对话框

第二节　Windows 98 的基本操作

一、鼠标器操作

Windows 图形操作环境中最能体现与用户直接联系的地方就是鼠标器的使用，它能最直接地表明用户的想法。当用户在桌面上移动鼠标时，屏幕上的鼠标指针也会跟着朝相应的方向移动相应的距离。虽然大部分操作也可以利用键盘来进行，但是鼠标为选择和移动屏幕元素提供了一个更为直接的途径。

鼠标分两键鼠标和三键鼠标，在 Windows 中常使用两键鼠标。大部分的鼠标操作使用的是鼠标左键，其次为鼠标右键，通常忽略鼠标的中间键。除非特别说明，否则本书中所提到的鼠标按键都是指鼠标器的左键。不同的按键方式可以完成不同的操作，在应用中鼠标器主要有以下几种基本操作：

（1）指向：是指将鼠标指针移动到待操作的对象上。

（2）单击：是指将鼠标指针指向某个对象后按下并释放鼠标左键一次。

（3）双击：是指将鼠标指针指向某个对象后连续两次快速按下并释放鼠标左键。

（4）右键单击：是指将鼠标指针指向某个对象后按下并释放鼠标右键一次，此时屏幕上将出现快捷菜单。

（5）拖动：是指按住鼠标的一个按键不放并移动鼠标，使鼠标指针移动到新的位置上再释放该鼠标按键。

在进行 Windows 98 操作的过程中，在不同的状态下，其鼠标指针的形状也不相同。了解不同鼠标指针形状的含义，有助于用户做出正确的操作。表 2-1 列出了一些主要的鼠标指针形状及其含义。

鼠标指针的形状	含　　义
↖	表示鼠标可用于选择或移动某个对象。它是最为常见的鼠标指针形状
⧖	表示 Windows 系统正忙于执行任务，此时无法进行任何操作
↖⧖	表示系统正在后台运行程序，用户可以进行其他操作
↖?	表示此时单击某对象即可获得该对象的有关帮助信息
I	表示此时可以进行文字的选择
⊘	表示所做的操作无效
↕	表示此时拖动鼠标即可改变对象的高度
↔	表示此时拖动鼠标即可改变对象的宽度
↘	表示此时拖动鼠标即可按比例改变对象的大小
↗	表示此时拖动鼠标即可按比例改变对象的大小
✥	表示此时拖动鼠标可以实现对象的移动
↑	表示此时可以选择某个链接

二、桌面操作

桌面操作主要包括对图标的操作和对任务栏的操作，下面分别予以阐述。

1. 图标操作

（1）图标的选择：在对图标进行操作前，通常需要先选中待操作的图标。单击某图标即可选中该图标；按住 Ctrl 键再单击图标，可以选中多个图标；在一个图标上单击，按住 Shift 键再单击另一个图标，可以选中这两个图标之间的所有图标。此外，利用拖动鼠标过程中所显示的虚线框，可以选中虚线框内的所有图标。

（2）图标的移动：首先选中要移动的一个或多个图标，然后将鼠标指针指向其中的一个，拖动至新的位置即可完成图标的移动操作。

需要说明的是，图标移动后的具体位置受图标是否采用"自动排列"方式的影响。在桌面上的空白处单击鼠标右键，将显示一个菜单，接着将鼠标指针指向菜单中的"排列图标"项，则在该菜单的旁边会出现一个子菜单，单击子菜单中的"自动排列"项，即可设定是否采用"自动排列"方式。采用"自动排列"方式时，"自动排列"项前会出现一个对钩 √。

（3）图标的删除：首先选中要删除的一个或多个图标，然后按下 Delete 键，屏幕上会出现确认删除对话框，单击"是"按钮，即可删除所选中的图标，并放入回收站中。需要说明的是，用户不能删除由系统自动生成的"我的电脑"、"网上邻居"、"回收站"图标。

（4）图标的重命名：首先选中要进行重命名的图标，然后单击该图标下部的名称，即可输入新的图标名称。需要说明的是，用户不能给由系统自动生成的"回收站"图标重命名。

（5）图标的复制：首先选中要复制的一个或多个图标，然后将鼠标指针指向其中的一个，按住 Ctrl 键并拖动至新的位置即可完成图标的复制操作。复制所生成的图标，名称前会增加"复件"两个字。注意，如果所选中的图标中包含由系统自动生成的图标（如"我的电脑"、"网上邻居"、"回收站"、"我的文档"、和"Internet Explorer"），则复制操作将生成指向原图标的快捷方式图标，每个快捷方式图标的左下角均有一个黑色的箭头 加以指示。

（6）图标的排列：在桌面上的空白处单击鼠标右键，将显示一个菜单，单击菜单中的"对齐图标"项，则桌面上的图标将在水平和垂直方向上加以对齐。如果将鼠标指针指向菜单中的"排列图标"项，则在该菜单的旁边会显示出一个子菜单，根据需要单击"按名称"、"按类型"、"按大小"、"按日期"中的一项，则图标会聚集在屏幕的左侧并按所指定的方式排序；若单击子菜单中的"自动排列"项，"自动排列"项前会出现一个对钩√，表示图标采用"自动排列"方式，此时图标会聚集在屏幕的左侧，并且当图标发生变动时系统会自动重新排列所有的图标。再次单击"自动排列"项，即可取消图标的"自动排列"方式，此时"自动排列"项前的对钩√也将消失。

2．任务栏的操作

任务栏通常位于桌面的底部，用户可以根据需要改变它的大小、移动它的位置等。

（1）改变任务栏的大小　将鼠标指针移到任务栏的上边沿，待鼠标指针变成双向箭头↕时按住鼠标左键并拖动，即可改变任务栏的大小。

（2）移动任务栏　将鼠标指针指向任务栏上的空白处，按住鼠标左键并向右拖动，释放鼠标左键后就可以将任务栏移到桌面的右边。用此方法同样可将任务栏移到桌面的左边或上边。

（3）任务栏的设置　在任务栏上的空白处单击鼠标右键，屏幕上将显示一个菜单，单击菜单中的"属性"项，屏幕上将出现图2-3 所示的"任务栏属性"对话框。该对话框中四个选项的功能介绍如下：

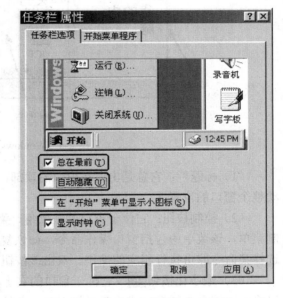

图 2-3　"任务栏属性"对话框

1）总在最前：选定此选项，可设置任务栏总显示在最前面，不会被遮挡。

2）自动隐藏：选定此选项，则任务栏缩小为屏幕底部的一条线。当鼠标指针指向该线时，任务栏重新显示出来；鼠标指针移走后，任务栏又缩小为屏幕底部的一条线。

3）在"开始"菜单中显示小图标：选定此选项，可以减小"开始"菜单的大小。

4）显示时钟：选定此选项，将在任务栏的右端显示时钟。

若某选项前的方框内有一个对钩√，则表明已选定该选项，单击此选项，即可取消对该选项的选定，选项前方框内的对钩√消失；若某选项前的方框内没有对钩√，则表明未选定该选项，单击此选项，即可选定该选项，选项前的方框内会出现一个对钩√。根据需要选择适当的选项，最后单击"确定"按钮即可。

三、窗口操作

1．窗口的基本组成

窗口是 Windows 操作系统最重要的组成部分，也是 Windows 系统的基础。Windows

系统下的所有应用程序都必须在窗口中运行。在 Windows 系统中，所打开的窗口具有相类似的外观和组成。下面就以"我的电脑"窗口为例来介绍一下 Windows 窗口的基本组成。

双击桌面上"我的电脑"图标，即可打开"我的电脑"窗口，如图 2-4 所示。该窗口主要包括以下几个组成部分：

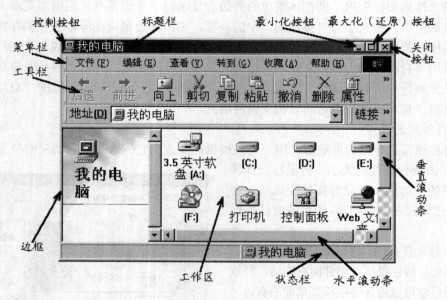

图 2-4　Windows 98 的窗口组成

（1）标题栏：它总是出现在窗口的顶部，用于显示窗口的名称。拖动标题栏还可以移动整个窗口的位置。

（2）控制按钮：它位于窗口的左上角、菜单栏的左端。用鼠标单击该按钮，将打开控制菜单，该菜单中包括窗口操作命令，如恢复、移动、大小、最小化、最大化、关闭等，选择某命令即可执行相应的操作。双击该按钮，将关闭窗口。

（3）最小化按钮 ▬：它位于窗口的右上角、菜单栏的右端。用鼠标单击该按钮，可以将窗口缩小为图标，成为任务栏中的一个按钮。

（4）最大化按钮 ▢：它位于窗口的右上角、菜单栏的右端。用鼠标单击该按钮，可以使窗口充满整个屏幕。

（5）还原按钮 ▣：当窗口最大化时，在最大化按钮的位置处将显示还原按钮。用鼠标单击还原按钮，窗口将恢复到最大化之前的大小。

（6）关闭按钮 ✖：它位于窗口的右上角、菜单栏的最右端。用鼠标单击该按钮，可以关闭整个窗口。

（7）菜单栏：菜单栏位于标题栏的下方。它包括一系列的菜单名，单击某个菜单名，即可下拉该菜单。每个菜单中包括若干个相关的菜单项，单击某菜单项即可实现相应的操作。

（8）工具栏：工具栏位于菜单栏的下方，它由多个工具按钮组成，单击某工具按钮即可实现该按钮所对应的操作。

（9）工作区：它是窗口中的最大区域，是用户的主要工作场所。有时为了方便，还用分隔条将工作区分成多个部分。

（10）滚动条：包括垂直滚动条和水平滚动条。当工作区显示不下要显示的内容时，才会在窗口的右侧/底边出现灰色的滚动条。每个滚动条由滚动块和两个箭头按钮组成。利用滚动条可以在不改变窗口大小的情况下，通过移动窗口中的内容来实现完全显示。单击滚动条上的箭头按钮可实现小步滚动；单击滚动块与箭头按钮之间的区域可实现大步滚动；拖动滚动条内的滚动块可实现随机滚动。

（11）状态栏：状态栏一般位于窗口的最下端，通常用于显示窗口的状态、用户的操作状态等有关信息。

（12）窗口边框：窗口的边框位于窗口的四周。它们不仅起到确定窗口边界的作用，而且可以通过它们来改变窗口的大小。

2．窗口操作

（1）窗口的移动　将鼠标指针指向要移动的窗口的标题栏，并拖动鼠标到指定位置即可实现窗口的移动。在拖动的过程中，屏幕上会出现一个虚框指示窗口所处的位置。注意，最大化的窗口是无法移动的。

（2）窗口大小的改变　单击最小化按钮，可使窗口最小化为任务栏上的一个任务按钮。此时窗口并没有关闭，单击任务栏上相应的任务按钮可恢复该窗口。

单击最大化按钮可使窗口满屏显示，实现最大化。当窗口最大化后，最大化按钮变为还原按钮，单击该还原按钮可以使窗口恢复成原来的大小。

当窗口没有处于最大化状态时，还可以通过拖动窗口的边框来改变窗口的大小：若要改变窗口的宽度，可将鼠标指针指向窗口的左边框或右边框，待鼠标指针变成左右双向箭头↔后，拖动鼠标到所需的位置即可；若要改变窗口的高度，可将鼠标指针指向窗口的上边框或下边框，待鼠标指针变成上下双向箭头↕后，拖动鼠标到所需的位置即可；若要同时改变窗口的宽度和高度，可将鼠标指针指向窗口的任意一角，待鼠标指针变成倾斜双向箭头↖或↗后，拖动鼠标到所需的位置即可。

（3）窗口的排列　当同时打开两个以上的窗口时，通常总会有一个或多个窗口被遮挡。如果想同时看到几个窗口中的内容，就需要把这几个窗口重新排列一下。排列窗口的具体操作方法是：在任务栏上的任意一个空白处单击鼠标右键，将打开一个菜单，其中包含三个选项：层叠窗口、横向平铺窗口和纵向平铺窗口，根据需要单击其中的一个选项即可。

四、菜单操作

菜单实际上是一张命令列表。在对应用程序进行操作时通常要从菜单中选择所需的命令，每个命令对应一种操作。从菜单中选取某命令一般有三种方法：①用鼠标直接单击该命令选项；②用键盘上的四个方向键将选择亮条移至该命令选项，然后按回车键；③若命令选项后的括号中有带下划线的字母，则可直接按该字母键。如果在菜单外单击鼠标或直接按下 Esc 键，则将关闭所打开的菜单。在 Windows 98 操作系统中，菜单主要分为"开始"菜单、控制菜单、菜单栏中的下拉菜单和快捷菜单等四种类型。对应用程序窗口而言，常用的主要是菜单栏中的下拉菜单和快捷菜单。

1."开始"菜单

在 Windows 98 操作系统中,"开始"菜单又称为系统菜单。单击任务栏最左端的"开始"按钮就可以打开"开始"菜单,通过"开始"菜单可以对系统进行各种操作。

当要使用某一个应用程序时,只需将鼠标指针指向菜单中的"程序"项,即可打开程序子菜单。在找到所需要的应用程序名后单击该应用程序名,即可打开该应用程序。

当鼠标指针指向"开始"菜单中的"文档"项时,将显示最近打开过的文档清单。

当鼠标指针指向"开始"菜单中的"设置"项时,将打开设置子菜单,单击其中相应的选项可以对控制面板、打印机、任务栏和开始菜单、文件夹选项以及活动桌面进行必要的设置。例如,单击其中的"任务栏和开始菜单"项,将打开图 2-3 所示的"任务栏属性"对话框,利用其中的"任务栏选项"选项卡可以设置任务栏的属性,而利用"开始菜单程序"选项卡则可以自定义"开始"菜单和删除"开始"菜单中的文档清单内容等。再如,单击其中的"控制面板"项,将打开"控制面板"窗口,在该窗口中可以进行系统软件和硬件方面的有关设置。

当鼠标指针指向"开始"菜单中的"查找"项时,将打开查找子菜单,单击其中相应的选项可以在系统中查找某一个文件或文件夹,或者在网络中查找某一台计算机等。例如,单击其中的"文件或文件夹"项,将打开一个对话框,如图 2-5 所示。在对话框中输入要查找的文件或文件夹名称,如果名称不是很清楚还可以用星号*代表不知道的字符,或者进一步输入文件中所包含的文字。再选择要搜索的位置,最后单击"查找"按钮。查找过程中,系统会自动把满足条件的文件或文件夹显示在对话框下部的列表框中。

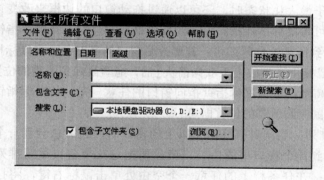

图 2-5 查找文件或文件夹对话框

用户在操作过程中,如果对某种操作或某项功能不太清楚,除了可以翻阅有关的参考书或操作手册外,还可以利用"开始"菜单中的"帮助"项,及时获得 Windows 98 系统的帮助。通过参考 Windows 98 操作系统所提供的帮助信息,用户可以快速掌握 Windows 98 的操作方法和常用的操作技巧。

单击"开始"菜单中的"帮助"命令,屏幕上会出现一个"Windows 帮助"窗口,如图 2-6 所示。该窗口的左边有三张选项卡,分别是"目录"、"索引"和"搜索"。在"目录"选项卡中列出了按类别划分的帮助主题,好像一本书的目录一样。在每一层的每一个帮助主题前面都有一个图标。当单击?图标后的主题后,将在右边窗口中显示出有关该主题的帮助信息。当单击书形图标◆后,则将显示下一层的帮助主题目录,以此类推,直到找到

要查找的帮助信息为止。另外，在"索引"选项卡上的列表框中直接双击所需要的帮助主

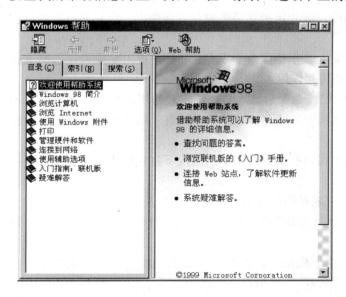

图 2-6　"Windows 帮助"窗口

题，可以获得特定的帮助信息。再有，利用"索引"和"搜索"选项卡，通过输入要查找的关键字，也可以快速找到所需的帮助信息。当阅读完帮助信息后，单击"Windows 帮助"窗口右上角的关闭按钮 ☒ 就可以关闭帮助窗口，退出帮助系统。

在"开始"菜单中，"运行"也是一个比较有用的命令。单击"运行"命令后，屏幕上会出现一个对话框，如图 2-7 所示。只要输入正确的文件位置和文件名，单击"确定"按钮就可以打开所需要的文件或运行所需要的程序。如果不知道文件的具体位置，也可以单击"浏览"按钮打开"浏览"对话框，进行查找，找到后单击"打开"按钮，系统会将文件位置和文件名自动填入到"运行"对话框中。

2．控制菜单

用鼠标单击位于窗口左上角的控制按钮，将打开控制菜单。通过选择该菜单中的相应命令可以实现窗口的还原、移动、改变大小、最小化、最大化、关闭等操作。

3．菜单栏中的下拉菜单

在窗口的菜单栏中，每个菜单都有一个描述其整体目的和功能的名称，例如"文件(F)"、"帮助（H）"等。不同窗口的菜单一般都不相同。用鼠标单击某菜单名即可打开（下拉）该菜单，此时在菜单名的下方会出现一个由一系列命令选项所构成的菜单供选择使用。当菜单名中含有带下划线的字母时，按下【Alt＋字母键】也可打开（下拉）该菜单。

4．快捷菜单

快捷菜单由操作某对象经常要用的一些命令组成，具有对象相关性。在要进行操作的对象上单击鼠标右键，即可打开相

图 2-7　"运行"对话框

关的快捷菜单，进行命令选项的选择。使用快捷菜单，可以极大地简化和方便用户的操作。

在使用 Windows 98 操作系统中的菜单时，还有一些通用的规则，了解这些规则有助于更快和更熟练地掌握应用程序的操作方法。通用的规则包括：

（1）灰色字符的菜单命令：表示当前不能选用的菜单命令。菜单命令一般呈黑色，表示该菜单命令当前可以使用，而有些情况下某些菜单命令呈灰色，就表示这些菜单命令当

前不可使用。

（2）带省略号（…）的菜单命令：表示选择该菜单命令后会弹出一个对话框，需要用户提供进一步的信息。

（3）命令名称前带有"√"标记：表示该项命令正在起作用，此时如果再次选择该命令，则"√"标记消失，且该命令不再起作用。

（4）命令名称前带有"·"标记：也表示该项命令正在起作用，但同"√"标记不同的是，此标记表示在同一组命令选项中只能有一项并且必须有一项被选择，被选择的命令选项前出现此标记。

（5）命令名称后带组合键：表示可以在不打开菜单的情况下直接使用此组合键来执行该命令，该组合键又称快捷键。

（6）命令名称后带"▶"符号：表示指向该命令选项后将打开下一级的子菜单。

（7）菜单的分组线：用于将菜单中的命令选项按照功能进行分类。各类命令选项用分组线隔开。

（8）带使用信息的菜单选项：用于列出最近的操作信息（例如，"开始"菜单中"文档"子菜单下列出了最近打开的文档名），方便用户进行选择。

五、对话框操作

对话框实际上是一个小型的特殊窗口，它也有标题栏和关闭按钮，有时还有控制按钮和工具栏。与一般窗口不同的是，它没有菜单栏并且大小固定。另外，对话框的形式并不统一，有的较为简单，有的则比较复杂。

对话框一般出现在程序的执行过程中，是实现人机对话的主要场所，用户通过回答对话框中的选项来实现对系统的操作。

一般的对话框可能由若干张卡片（称为"选项卡"）组成，每张卡片又可能由若干个部分（称为"栏"）组成，每一部分又主要包括文本框、单选按钮、复选框、列表框、微调按钮、命令按钮等，如图2-8所示。

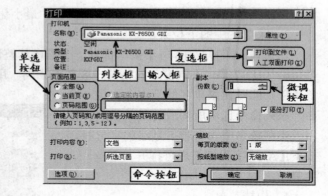

图2-8 "打印"对话框

文本框主要供用户输入一定的文字或数值信息。用鼠标在文本框内单击，文本框内将会出现一个闪烁光标，此时就可以输入有关的信息。

单选按钮一般供用户作单项选择用，被选中者其前面的圆圈内出现一个黑点。单击某选项即可选中该选项。

复选框供用户作多项选择用，被选中者其前面的方框内出现一个对钩√，未选中者其前面的方框内为空。单击某选项即可选中该选项或取消对该选项的选中。

列表框中列出了可供用户选择的选项，单击某选项即可选中该选项。有时列表框中只显示其中的一个选项，而将其他的选项隐藏起来，这样的列表框称为下拉列表框。单击下拉列表框右侧的下拉按钮▼即可列出所有的选项。

微调按钮一般供用户直接输入一个特定的值。单击其中的增加按钮▲或减少按钮▼可以按一定的步长来改变数值的大小。

命令按钮通常包括"确定"按钮和"取消"按钮。单击"确定"按钮将确认用户的输入，并关闭对话框；而单击"取消"按钮则废弃用户所做的输入并关闭对话框。此外，单击对话框右上角的关闭按钮⊠或按下 Esc 键，也可以放弃输入，关闭对话框。

对话框的类型很多，不同类型的对话框中所包含的内容也各不相同。但它们的基本操作方法有许多相同之处，这就给用户使用一个新的应用软件带来了方便。在刚接触到新应用软件时用户就不会感到无从下手，而可以通过这些基本操作来逐步熟悉软件的使用。

六、碎片文件的操作

碎片文件是 Windows 98 操作系统所提供的一个新特性。所谓碎片文件，是指将文档中选定的某部分内容拖动到桌面上时所创建的文件。需要注意的是，只有正在使用的应用程序支持拖放到其他应用程序的功能时，才可以使用这一特性。

要创建一个碎片文件，首先需在文档中选定要复制的文本或图形，然后将鼠标指针指向所选的文本或图形并将其拖到桌面上，这样就可以在桌面上生成一个碎片文件。所有碎片文件的图标都一样，即一张被撕去一部分的纸，名称由应用程序和碎片文件的前几个字符确定。碎片文件可以随时使用到其他文档中。

第三节　文件操作与磁盘操作

一、文件和文件夹的操作

首先介绍一下文件和文件夹的基本概念。所谓文件，就是 Windows 98 进行软件资源管理的基本单位，也就是最小单位。除了系统所提供的文件外，用户创建的文档、应用程序、数据库等都被称作为文件。而文件夹则可以理解为存放文件的抽屉，它是文件的集合。由于软盘、硬盘、光盘上都可以存放多个文件，所以 Windows 98 系统也把这些设备看成是文件夹来处理。文件夹可以存放大量的文件，为便于进行分类管理，每个文件夹下面也可以有多个子文件夹。

文件和文件夹的操作既可以利用图 2-4 所示的"我的电脑"窗口来进行，也可以使用"资源管理器"这个应用程序来进行。在 Windows 98 中，资源管理器是管理系统资源的中心，使用资源管理器可以迅速地对磁盘上的有关资源、文件与文件夹的各种信息进行操作。下面就主要以"资源管理器"为例来介绍如何进行文件和文件夹的操作。

1. 打开资源管理器窗口

通过在"开始"按钮上单击鼠标右键，从打开的快捷菜单中选择"资源管理器"命令，就可以快速打开资源管理器窗口，如图 2-9 所示。从图中可以看出，资源管理器窗口分左右两个工作区：左边是文件夹窗口，采用树状结构来说明各文件夹之间的关系；右边是文件夹的内容窗口，用于显示当前正在被操作的某个文件夹、驱动器或桌面的内容。如果需要更改左右工作区的尺寸，只需将鼠标指针移到中间的分隔条上，待指针变成左右双向箭头↔后向左右拖动鼠标即可。

2．查看文件夹和文件

（1）查看当前文件夹中的内容。在文件夹窗口中，单击某个文件夹名或其前面的图标，则该文件夹被选中，成为当前文件夹，此时在文件夹的内容窗口中即显示当前文件夹中的所有子文件夹和文件。

（2）展开与隐藏子文件夹。在文件夹窗口中，有的文件夹图标左侧有一个田或曰的标记。如果文件夹图标的左侧有田标记，则表示该文件夹下还有子文件夹，只需单击该田标记，就可以进一步展开该文件夹，从而可以从文件夹树中看到该文件夹中的下一层子文件夹，此时该标记变为

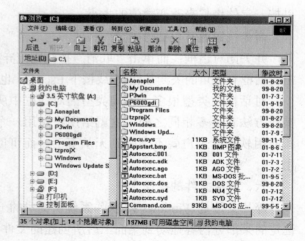

图 2-9　资源管理器窗口

曰；如果文件夹图标的左侧有曰标记，则表示该文件夹已经被展开，此时若单击该曰标记，则会将该文件夹下的子文件夹隐藏起来，该标记也随即变为田。

此外，通过双击某个文件夹名或其前面的图标，也可以展开或隐藏该文件夹下的子文件夹。

（3）设置文件和文件夹的显示方式。为便于对文件和文件夹进行管理，还可以设定文件夹内容窗口中的显示方式。通过在"查看"菜单上选择"大图标"、"小图标"、"列表"、"详细资料"中的一项，可以确定图标的显示形式；而通过选择"查看"菜单中"排列图标"子菜单下的有关选项，可以确定图标的排列方式，如按名称排列、按类型排列、按大小排列等。

3．选定文件与文件夹

在对文件或文件夹进行操作之前，一般应先选定它们。最简单的选定方法是用鼠标单击要选定的文件或文件夹的图标或名称，使之呈反白显示。

如果需要选定一组连续排列的文件或文件夹，则可用鼠标单击要选定的文件或文件夹组中第一个的图标或名称，然后移动鼠标指针指向该文件或文件夹组中最后一个的图标或名称，最后按住 Shift 键并单击鼠标，这时以第一个文件或文件夹和最后一个文件或文件夹为对角线的矩形区域中的所有文件和文件夹都被选中。

如果需要选定一组非连续排列的文件或文件夹，则可在按住 Ctrl 键的同时，用鼠标单击每一个要选定的文件或文件夹的图标或名称。

如果要选定全部的文件或文件夹，只需选择"编辑"菜单中的"全部选定"命令即可。如果要选定原来没有选定的文件或文件夹，而取消原来选定的文件或文件夹，则可以选择"编辑"菜单中的"反向选择"命令。

如果要取消所选定的文件或文件夹，只需单击窗口中的任意空白处即可。

4．新建文件或文件夹

在"资源管理器"窗口中，驱动器是用"盘符"即盘的符号来加以表示的。如果要新建一个文件或文件夹，一般应先选定用于存放该文件或文件夹的文件夹或代表驱动器的盘符，然后将鼠标指针指向"文件"菜单中的"新建"命令，在打开的子菜单中选择"文件夹"或某类文件类型，即可在指定的文件夹（或驱动器）中建立一个新文件夹或新文件，

此时可以输入新文件夹或文件的名字，最后用鼠标单击其他任何空白处或按下回车键确认即可。如果不输入新文件夹或新文件的名字，直接按下回车键，系统将以"新建文件"或"新建文件夹"来命名。

5. 创建快捷方式

用鼠标右键单击要建立快捷方式的文件或文件夹，在弹出的快捷菜单中选择"创建快捷方式"命令，即可在存放该文件或文件夹的文件夹中（或桌面上）建立一个指向该文件或文件夹的快捷方式。此外，将鼠标指针指向要建立快捷方式的文件或文件夹，再按下鼠标右键拖动至要存放该快捷方式的文件夹中（或桌面上），松开鼠标右键后在弹出的快捷菜单中选择"在当前位置创建快捷方式"命令，即可在指定位置建立指向文件或文件夹的快捷方式。

通过在桌面上建立指向应用程序或应用程序文档的快捷方式，以后就可以直接双击桌面上相应的图标来运行该应用程序或打开该应用程序文档了，这将会大大简化用户的操作。

6. 移动文件或文件夹

首先在文件夹窗口中使目标位置的文件夹成为可见，然后选定要移动的文件或文件夹，再按住 Shift 键将所选定的文件或文件夹拖动至目标位置的文件夹中即可。此外，也可以先选定要移动的文件或文件夹，再单击工具栏中的剪切按钮，然后打开目标位置的文件夹，再单击工具栏中的粘贴按钮即可。

7. 复制文件或文件夹

首先在文件夹窗口中使目标位置的文件夹成为可见，然后选定要移动的文件或文件夹，再按住 Ctrl 键将所选定的文件或文件夹拖动至目标位置的文件夹中即可。此外，也可以先选定要移动的文件或文件夹，再单击工具栏中的复制按钮，然后打开目标位置的文件夹，再单击工具栏中的粘贴按钮即可。

8. 重命名文件或文件夹

先选定要改名的文件或文件夹，再单击该文件或文件夹的名称，则该文件或文件夹的名称将处于可编辑的状态，输入新的名称，最后用鼠标单击其他任何空白处或按下回车键确认即可。

9. 删除文件或文件夹

删除掉不需要的文件和文件夹是为了节省磁盘空间。在 Windows 98 中，既可以将文件或文件夹彻底删除，也可以移到"回收站"中。移到"回收站"中的文件或文件夹可以在需要的时候恢复到原来的位置上，而彻底删除的文件或文件夹不能恢复。

在进行删除操作时，首先应选定要删除的文件或文件夹，再按下 Delete 键，屏幕上将出现一个提示对话框（如图 2-10 所示）要求确认，单击"是"按钮即可将所选的文件或文件夹删除并放入回收站中。单击"否"按钮将取消删除操作。

图 2-10   确认删除并放入回收站对话框

如果需要恢复所删除的文件或文件夹，则可以打开"回收站"文件夹，选定要恢复的文件或文件夹，再单击"文件"菜单中的"还原"命令即可。此外，对刚刚删除掉的文件或文件夹，也可以单击工具栏中的撤消按钮来加以恢复。

如果需要将文件或文件夹彻底删除，而不放入"回收站"中，则可在选定要删除的文件或文件夹后，按下【Shift+Delete】键，屏幕上将出现一个提示对话框（如图 2-11 所示）要求确认删除，单击"是"按钮即可将所选的文件或文件夹彻底删除。

图 2-11　确认彻底删除对话框

如果要删除"回收站"中的文件或文件夹，方法和在其他文件夹中进行删除操作一样，但出现的提示对话框和彻底删除操作时的对话框一样，表明删除后文件或文件夹也不能恢复了。

另外需要注意的是，软盘中所删除的文件或文件夹将不会被放入到"回收站"中，即对软盘中文件或文件夹的删除都是彻底删除。

二、磁盘的操作

在计算机系统中，文件存储在磁盘上。因此，掌握磁盘操作，合理利用磁盘空间十分必要。磁盘操作主要包括磁盘的格式化、软盘的复制、磁盘的碎片整理、磁盘的扫描等内容。

1. 磁盘格式化

计算机在磁盘上记录信息要求磁盘具有特定的格式。在磁盘上建立特定的格式以帮助记录信息的过程，称为磁盘的格式化。给磁盘格式化会删除磁盘中的所有内容。磁盘一般分为硬盘和软盘。硬盘是计算机内固定的存储设备，操作系统和大量的资料都存储在它的里面，所以一般轻易不给硬盘格式化。现在常见的软盘规格是 3.5in，容量为 1.44Mb。当一张未格式化的新软盘在使用前（现在许多软盘在厂家已经格式化过了）或者软盘上的内容不再需要时，就要进行格式化。

格式化软盘的具体操作步骤是：首先将要进行格式化的软盘插入到软盘驱动器中，然后在资源管理器窗口或"我的电脑"窗口中用鼠标右键单击要进行格式化的驱动器（例如 A 驱动器），再从打开的快捷菜单中选择"格式化"命令，屏幕上将出现"格式化"对话框，如图 2-12 所示。在"容

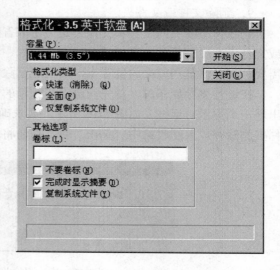

图 2-12　"格式化"对话框

量"列表框中选择软盘的容量大小，现在的软盘一般为 1.44Mb；在"格式化类型"栏中选择格式化的方式，即"快速"或"全面"。"快速"是指仅仅写入新的文件分配表（FAT），而不检查磁盘的错误，一般仅适用于已经做过格式化的磁盘；"全面"是指对磁盘进行彻底的格式化，包括给磁盘划分磁道、校验磁盘的错误等，一般用于从未进行过格式化的新磁盘。在对"格式化"对话框中的各个选项进行正确的选择后，单击"开始"按钮系统开始格式化软盘。在格式化过程中，对话框的下面会出现一个进度条，指示格式化完成的百分比。格式化完成后，屏幕上一般会出现一个结果信息对话框，单击其中的"关闭"按钮则可返回"格式化"对话框。

2．软盘的复制

软盘的复制是指将一张软盘中的内容完全复制到另一张软盘中去，前提是这两张软盘的容量和规格必须相同。软盘的复制操作可以使用同一个软盘驱动器。

图 2-13　"复制磁盘"对话框

首先将要进行复制的软盘（称为源盘）插入到软盘驱动器中，然后在资源管理器窗口或"我的电脑"窗口中用鼠标右键单击要进行复制的驱动器（例如 A 驱动器），再从打开的快捷菜单中选择"复制软盘"命令，屏幕上将出现"复制软盘"对话框，如图 2-13 所示。单击"开始"按钮，系统即开始从源盘中读取数据，读完后会出现提示对话框，让用户取出源盘插入目标盘。取出源盘并插入一张空白软盘后单击"确定"按钮，系统即开始将数据写到目标盘中。当复制操作完成后，系统将显示复制完毕的提示信息。最后单击"关闭"按钮关闭"复制磁盘"对话框。

3．磁盘的碎片整理

磁盘，特别是硬盘，在使用了一段时间以后，可能会出现许多"碎片"。磁盘碎片是一些较小的磁盘空间，它是由于不断地存储、删除文件或文件夹造成的。使用计算机的时间越长，用户的文件在磁盘上的分布就越零散，也就是文件会存储在磁盘上越来越多、越来越小的不连续区域中。存储和读取这样的文件时，磁盘的磁头需要不停的改变位置，这样文件的读写速度就会非常慢。通过对磁盘上的碎片进行整理，可以使得文件在磁盘上连续存放，从而提高磁盘的使用效率。

首先在资源管理器窗口或"我的电脑"窗口中用鼠标右键单击要进行碎片整理的磁盘（例如 C 盘），再从打开的快捷菜单中选择"属性"命令，屏幕上将出现"属性"对话框，单击其中的"工具"选项卡，则"属性"对话框如图 2-14 所示。单击"开始整理"按钮，系统即开始整理所选中的磁盘。在整理碎片的过程中，屏幕上会不断显示整理进展百分比。单击整理进展对话框中的"显示资料"按钮可以在屏幕上显示出一个窗口；单击该窗口中的"隐藏资料"按钮可返回原来的对话框。碎片整理完成后屏幕上会出现一个提示信息对话框，单击其中的"是"按钮，可结束磁盘整理程序。

由于整理磁盘的时间通常都比较长，所以最好找一个空闲的时间进行，并且要注意关闭屏幕保护程序。

4. 磁盘的扫描

磁盘的磁道由于种种原因可能会造成损坏，因而需要定期进行检测和修复，这可以利用 Windows 98 操作系统所提供的磁盘扫描程序来进行。

在图 2-14 所示的"工具"选项卡上单击"开始检查"按钮，就可以打开"磁盘扫描程序"对话框，如图 2-15 所示。在"请选定要查错的驱动器"列表框中，单击要扫描的驱动器图标。在"扫描类型"栏中选定"标准"或"完全"选项。选定"标准"选项将只检测文件及文件夹是否有错误；而选定"完全"选项除检测文件及文件夹是否有错误外，还检测磁盘的表面是否有错误，但花费的时间要长一些。此外，如果选定对话框下边的"自动修复错误"复选框，则在扫描的过程中系统会自动修复所发现的错误。在完成上述各项的选定以后，单击对话框中的"开始"按钮，即可开始扫描。

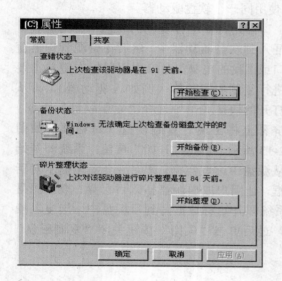

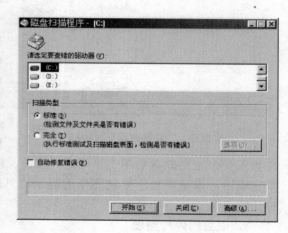

图 2-14　"属性"对话框中的"工具"选项卡　　　　图 2-15　"磁盘扫描程序"对话框

扫描的结果会在扫描结束后显示在新打开的磁盘扫描结果对话框中，单击"关闭"按钮可关闭该对话框。如要继续扫描其他磁盘，可以在"磁盘扫描程序"对话框中选定其他的磁盘图标，重复上述操作即可。如果不希望继续扫描，可单击对话框中的"关闭"按钮。

第四节　汉字的输入方法简介

在 Windows 98 的操作过程中免不了要进行文字的输入，虽然可以用键盘直接输入英文，但更多的时候需要输入中文。中文和英文不一样，它的每个汉字都是由笔画构成的，而不是由字母构成的，所以不能用键盘直接输入中文。为了解决这个问题，我国的专家总结出几种汉字编码方案。常用的主要有两种：一种是根据汉字的读音进行编码，另一种则是根据汉字的字形进行编码。这两种都各有特点：前者容易掌握，只要会读汉字就可以，操作也比较简单，但是重码较多，也就是同音字较多，另外当用户读音不准时输入很不方便；后者不受读音的限制，只要会写汉字或看到要输入的汉字即可，重码也较少，但是掌握起来比较麻烦，需要记忆大量的词根并要掌握一定的拆字方法。

从尽快掌握汉字输入方法的角度出发，下面将介绍 Windows 98 系统自带的智能 ABC 输入法。该输入法是一种比较常用的汉字输入方法。

一、智能 ABC 输入法的使用

1．智能 ABC 输入法的启动

Windows 98 系统启动后，一般默认的状态是英文输入状态。这时可以直接输入英文字符，但如果要输入汉字，则必须先进入汉字输入状态。

在任务栏右端的输入法图标 **En** 上单击鼠标左键，将打开一个输入法列表，从中选择"智能 ABC 输入法"项，便启动了智能 ABC 输入法，屏幕上将出现图 2-16 所示的输入法状态窗口。

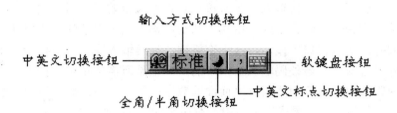

图 2-16　输入法状态窗口

在图 2-16 所示的输入法状态窗口中共有五个按钮，它们的含义分别介绍如下：

（1）中英文切换按钮：该按钮上有一个图标 ，表示系统正处于汉字输入状态。单击该按钮则按钮上的图标变为 ，表示系统进入英文输入状态。

（2）输入方式切换按钮：该按钮上有两个汉字"标准"，表示系统正处于标准输入方式。单击该按钮，则按钮上的汉字变为"双打"，表示系统进入双打输入方式。

（3）全角/半角切换按钮：该按钮上有一个半月形图标 ，表示系统正处于"半角"状态，此时输入的英文字母与普通英文字母相同，即每个字母占一个字符的位置。单击此按钮（或按下【Shift+空格】组合键）则按钮上的半月形图标将变为满月形图标 ，表示系统进入"全角"状态，此时输入的英文字母将占用两个字符的位置，即和汉字所占位置相同。

（4）中英文标点切换按钮：该按钮上有一个英文标点符号图标 ，表示正处于输入英文标点符号的状态。单击该按钮则按钮上的图标变为 ，表示系统切换到输入中文标点符号的状态。

（5）软键盘按钮：该按钮上有一个键盘图标 。用鼠标左键单击此按钮，可以打开和关闭软键盘。Windows 98 系统共提供了 13 种软键盘布局。在该按钮上单击鼠标右键，将打开一个包含所有软键盘的快捷菜单。从中选择所需的软键盘后，相应的软键盘就会显示在屏幕上。单击软键盘上的模拟键既可以输入汉字或字符，也可以输入一些特殊符号。

2．中文/英文输入状态的切换

可以通过按【Ctrl+空格】组合键来实现 Windows 98 系统下中、英文输入状态的切换。

在英文输入状态下按【Ctrl+空格】组合键后，屏幕上出现汉字输入法状态窗口，系统进入汉字输入状态；再次按【Ctrl+空格】组合键，汉字输入法状态窗口消失，系统回到英文输入状态。

二、标准输入方式下的拼音输入

在标准输入方式下，可以任意选用全拼、简拼和混拼三种方式输入汉字。

1．拼音输入的两点说明

（1）在标准输入方式下，全拼、简拼和混拼使用的是汉语拼音键盘，但其中的"ü"对应的是英文键盘中的"V"键，例如"女"字的编码是"nv"。

（2）a、o、e开头的音节连接在其他音节后面的时候，如果音节的界限发生混淆，可用隔音符号单引号（′）隔开。例如用"xi'an"（西安）区别"xian"（先）；再如用"ming'e"（名额）区别"minge"（民歌）。另外，在简拼和混拼中有时也需要使用隔音符号。

2．单个汉字的输入

单个汉字一般可使用全拼输入。全拼输入是指按规范的汉语拼音输入，输入过程和书写汉语拼音的过程完全一致。依照全拼输入法则，输入一个汉字的汉语拼音，所输入的拼音会在打开的外码输入窗口中显示，按下空格键，外码输入窗口中将显示一个汉字，同时屏幕上将打开候选窗口。若外码输入窗口中的汉字正是所需的汉字，按下空格键即可完成输入；否则应输入候选窗口中所需汉字前面的数字或用鼠标单击候选窗口中的所需汉字，方可完成该汉字的输入。如果候选窗口中没有所需的汉字，可以按加号键（+）或单击候选窗口下部的■按钮向后翻页，直到出现所需的汉字为止。另外，也可以按减号键（－）或单击候选窗口下部的■按钮向前翻页。

此外，也可以用以词定字的方法来输入单个汉字，这样可以有效地减少输入过程中的重码，大大提高单个汉字的输入速度。例如，若要输入汉字"熙"，则可以键入"xxrr"（此为词"熙熙攘攘"的简拼输入），按下"["键可取词的第一个字（若要取词的最后一个字则应按下"]"键），此时外码输入窗口中显示"熙"字，按下空格键即可完成输入。

在用以词定字法输入单个汉字时，要注意所使用的词应为最常用的词，而且最好用全拼，否则所选的字可能不对或需要通过选字过程来选取，这样就会使输入速度受到影响。

3．词组的输入

智能 ABC 输入法系统中带有大量的词组，通过使用词组输入方式能大大提高输入速度。词组的输入既可以使用全拼，也可以使用简拼和混拼。

（1）词组的输入与单字基本相同，只要按顺序将词组中所有汉字的拼音全部输入就行了，如"北京"的全拼为"beijing"；"长城"的全拼为"changcheng"；"计算机"的全拼为"jisuanji"。

（2）简拼是拼音的简化形式，词组输入中简拼的简化规则是取各个汉字全拼的第一个字母（或复合声母）。如"北京"的简拼为"bj"；"长城"的简拼为"cc"或"chch"、"cch"、"chc"；"计算机"的简拼为"jsj"。在简拼时，需要注意隔音符号的使用。例如，"中华"的简拼为"zhh"或"z'h"，若简拼为"zh"则不正确，因为它是复合声母 zh（知）；再如，"恶人"（全拼为"eren"）的简拼为"e'r"，若简拼为"er"则不正确，因为它是"而"等字的全拼。

　　双字词使用简拼输入一般需要翻页，不太方便，三字及多字词的输入使用简拼则非常方便。

　　（3）混拼是指一个词中有的汉字采用简拼有的汉字使用全拼。如"北京"的混拼可以是"beij"，也可以是"bjing"；"计算机"的混拼可以是"jisj"，也可以是"jsuanj"，还可以用别的混拼组合表示。在混拼时，同样也需要注意隔音符号的使用。例如，"历年"（全拼为"linian"）可混拼为"li'n"或"lnian"，若混拼为"lin"则不正确，因为它是"林"等字的全拼；再如，"单个"（全拼为"dange"）可混拼为"dan'g"或"dge"，若混拼为"dang"则不正确，因为它是"当"等字的全拼。双字词的输入使用混拼效果比较好。

　　4．中文标点符号的输入

　　单击输入法状态窗口（如图 2-16 所示）中的中英文标点切换按钮，按钮上的图标变为 🈁，此时输入的标点符号即为中文标点符号。也可以使用【Ctrl+.（句号）】来进行此切换。表 2-2 列出了在中文标点符号输入状态下中文标点符号与键盘键位的对应关系，按下表内键位栏中标明的键，就可以输入对应的中文标点符号。

中文标点符号与键盘按键对照表　　　　　　　　　　表 2-2

中文标点符号	键位	说明	中文标点符号	键位	说明
。　（句号）	.		）　（右括号）	)	
，　（逗号）	,		《　（左单双书名号）	<	自动嵌套
；　（分号）	;		》　（右单双书名号）	>	自动嵌套
：　（冒号）	:		……　（省略号）	^	双符处理
？　（问号）	?		——　（破折号）	_	双符处理
！　（感叹号）	!		、　（顿号）	\	
""　（双引号）	"	自动配对	·　（间隔号）	@	
''　（单引号）	'	自动配对	—　（连接号）	&	
（　（左括号）	(		￥　（人民币符号）	$	

　　5．中文数量词的快速输入

　　智能 ABC 输入法具有阿拉伯数字和中文大小写数字的转换能力，这样就可以实现中文数字的快速输入。另外，在该输入法中，对一些常用的量词也可实现快速输入。

　　若需要输入小写的中文数字，则应先输入小写字母 i，然后再输入相应的阿拉伯数字即可；若需要输入大写的中文数字，则应先输入大写字母 I，然后再输入相应的阿拉伯数字即可。例如，输入"i3"，按下空格键，则可输入小写中文数字"三"；输入"I3"，按下空格键，则可输入大写中文数字"叁"。

　　此外，在输入字母"i"或"I"后，再输入表 2-3 中所列量词对应的字母，即可快速输入相应的量词。例如，输入"is"，按下空格键，则可输入小写的"十"；输入"Is"，按下空格键，则可输入大写的"拾"。再如，输入"ij"或"Ij"，按下空格键，则可输入重量单位"斤"。等等。

G→个	S→十，拾	B→百，佰	Q→千，仟	W→万	E→亿	Z→兆	D→第	N→年
Y→月	R→日	T→吨	K→克	$→元	F→分	L→里	M→米	J→斤
O→度	P→磅	U→微	I→毫	A→秒	C→厘	X→升		

需要补充说明的是，输入"i"或"I"后直接按空格键，则输入中文数字"一"或"壹"；在输入"i"或"I"后，直接按中文标点符号键（除"$"外），则输入"一"+该标点符号或"壹"+该标点符号。例如，输入"i"后，按下"\"键，则输入"一、"。

6. 在中文输入状态下直接输入英文

在进行拼音输入的过程中，如果需要输入英文，可以不必切换到英文输入状态。方法是先键入"v"作为标志符，后面跟随要输入的英文，最后按空格键即可。例如，在输入过程中希望输入英文"Windows"，则可以连续输入"vWindows"，再按下空格键即可。

7. 拼音和笔形的混合输入

拼音和笔形的混合输入是为了减少在全拼、简拼或混拼输入时的重码，加快输入速度。拼音和笔形混合输入的规则如下：

（拼音+[笔形描述]）+（拼音+[笔形描述]）+……+（拼音+[笔形描述]）

其中，"拼音"可以是全拼、简拼或混拼，该项一般是不可少的；"[笔形描述]"项可有可无，最多不超过 2 笔。

在智能 ABC 输入法系统中，按照汉字的基本笔画形状，将笔形共分为八类，如表 2-4 所示。在输入"笔形描述"时按照笔顺，即写字的习惯，最多取 2 笔。例如，要输入词组"蟋蟀"，则可以输入"x82s"，这里共使用了两个笔形（即"方"和"竖"，代码分别是 8 和 2）来描述"蟋"字的笔画形状。

三、提高输入速度的技巧

要提高输入速度，首先应建立比较明确的"词"的概念，尽量按词、词组、短语进行输入，并注意把握输入的大体规律：

（1）三个汉字以上的词语可以使用简拼输入，特别是常用词语。个别情况下，尤其是三个汉字的情况下，对其中的一个汉字可以使用全拼或者简拼+笔形，以区分同音词。

（2）最常用双字词可以使用简拼输入，这些词大约有 500 个。一般常用双字词，可采取混拼或者简拼+1 笔笔形描述。普通双字词，应当采用全拼或者简拼+2 笔笔形描述的形式进行输入。少量双字词，特别是简拼为"zz、yy、ss、jj"等结构的词，需要在全拼的基础上增加笔形描述。

（3）最常用的单个汉字可以采用简拼+1 笔笔形描述进行输入。一般常用的单字，应当全拼（简拼+2 笔笔形描述相当于全拼）。重码高的单字（特别是"yi、ji、shi"音节的单字）可以采用全拼+笔形描述输入，一般不超过两笔。

（4）有 27 个单字输入可以不加笔形，见表 2-5。表中的汉字，数量虽然少，但是使用极其频繁，应当记住。

另外，还应充分利用"以词定字"的功能来输入单个汉字。如果没有现成的、恰当的词可以自己定义一个。

笔形分类对照表　　　　　　　　　　　　　　　　　　　　　　表 2-4

笔形代码	笔 形	笔形名称	实 例	注 解
1	一（ㄥ）	横（提）	二、要、厂、政	"提"也算作横
2	丨	竖	同、师、少、党	
3	丿	撇	但、箱、斤、月	
4	、（乀）	点（捺）	写、忙、定、间	"捺"也算作点
5	㇆（㇇）	折（竖弯钩）	对、队、刀、弹	顺时针方向弯曲,多折笔画,以尾折为准,如"了"
6	ㄴ	弯	七、她、绿、以	逆时针方向弯曲,多折笔画,以尾折为准,如"乙"
7	十,（乂）	叉	草、希、档、地	交叉笔画只限于正叉
8	口	方	国、跃、是、吃	四边整齐的方框

常用的单字及其输入　　　　　　　　　　　　　　　　　　　　　表 2-5

Q→去	W→我	E→饿	R→日	T→他	Y→有	I→一	O→哦	P→批
A→啊	S→是	D→的	F→发	G→个	H→和	J→就	K→可	L→了
Z→在	X→小	C→才	B→不	N→年	M→没	ZH→这	CH→出	SH→上

第三章　工　具　类　软　件

第一节　文字处理软件 Microsoft Word 2000

在施工项目管理中，经常需要进行文字处理工作，比如编写和打印施工方案、技术交底、会议纪要等。通过使用计算机上的文字处理软件我们可以很方便地进行文档的输入、修改、排版和打印等操作，这样不仅能够节省大量的时间和精力，而且可以获得令人满意的输出效果。Microsoft Word 是目前最为常用的文字处理软件，它不但可以处理多种文本格式，也可以处理图像和表格，并能将它们合并在一起形成一个文件，达到图、文、表并茂的效果。下面我们就来介绍一下该软件的使用方法。

一、Word 2000 的启动和退出

1. 启动 Word

Word 2000 是 Windows 95/98 操作系统下运行的应用程序，可从 Windows 95/98 的"开始"菜单中启动。方法是：单击"开始"按钮，在"开始"菜单中选择"程序"，在"程序"子菜单中选择"Microsoft Word"。注意，如果你找不到 Microsoft Word 这一选项，可以找右边带有箭头的 Microsoft Office 选项。右边带有箭头的选项不是真实的程序，而是程序组。将鼠标指针指向 Microsoft Office 选项，选项的旁边会出现 Microsoft Office 程序组里的程序清单，找到 Microsoft Word 程序选项，单击它即可。

Word 开始启动后，首先看到的是 Word 的标题屏幕，接着进入 Word 应用程序窗口。这时，Word 会自动根据默认的模板新建一个名为"文档1"的空白文档，如图 3-1 所示。它相当于一张白纸，用户可根据需要输入文档内容、进行文档编辑等操作。

2. 退出 Word

在工作完成之后并且确信不需要再使用 Word 时，应该退出 Word，以释放该应用程序所占用的内存空间，便于其他应用程序的使用。有几种不同的方法退出 Word，用户可以根据情况和习惯选用其中的一种：

（1）用鼠标单击窗口右上角的"窗口关闭"按钮 ![x]；

（2）用鼠标双击 Word 应用程序窗口左上角的小图标 ![icon]；

（3）用鼠标单击 Word 应用程序窗口左上角的小图标 ![icon]，出现"应用程序控制"菜单后，选取"关闭"；

（4）用鼠标单击菜单栏中的"文件"，在下拉菜单中选取"退出"；

（5）用键盘按【Alt＋F】键，在下拉菜单中选取"退出"

（6）用键盘按【Alt＋F4】键；

（7）用键盘按【Alt+空格键】，在出现的"应用程序控制"菜单中选取"关闭"。

退出 Word 前，要记住先保存文档文件。在接到退出命令后，Word 会检查它所打开的文件，对于改动过的文件，会在屏幕上显示出提示，询问是否保存该文件，请仔细阅读提示后，再决定按"是"确认、"否"放弃或"取消"退出命令，否则可能会使所做的工作前功尽弃。

二、Word 2000 的窗口组成

在图 3-1 所示的 Word 2000 的工作窗口中，主要包括标题栏、菜单栏、工具栏、状态栏、标尺、滚动条、工作区等几个部分，下面分别予以介绍。

1. 标题栏

标题栏位于窗口的最上方，主要用于显示当前正在编辑的文档名称以及所使用的软件名称。标题栏最左边的图标■是 Word 应用程序的控制菜单按钮，单击该图标可打开窗口控制菜单，双击该图标可关闭 Word 窗口。标题栏最右边有三个按钮，分别是应用程序最小化、最大化/还原按钮和关闭按钮。

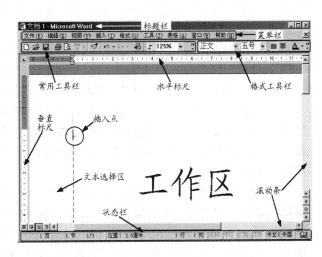

图 3-1　Word 2000 的工作窗口

2. 菜单栏

标题栏的下面是菜单栏，通常包括文件菜单、编辑菜单、视图菜单、插入菜单、格式菜单、工具菜单、表格菜单、窗口菜单和帮助菜单等 9 组。只要用鼠标单击菜单名即可下拉该菜单，图 3-2 所示的就是编辑菜单。从图中可以看出，一些菜单项的左边有一个图标，它就是该菜单命令作为工具按钮出现时的图标。另外，在某些菜单项的右边附有一些符号，例如，"粘贴（P）　Ctrl+V"，表示【Ctrl+V】这个组合键是执行该菜单命令的快捷键，按下【Ctrl+V】键即可执行粘贴命令；符号（P）表示下拉编辑菜单后按下 P 键即可执行粘贴命令。另外，如果菜单项的后边有"…"，则表示执行该菜单命令后将打开一个对话框。

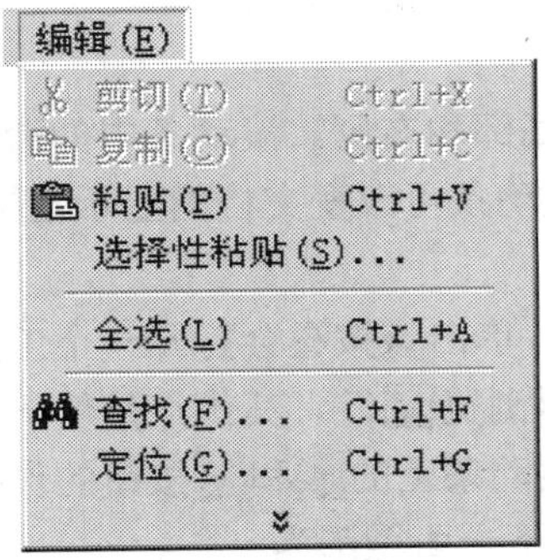

菜单中还有一些菜单项的后边跟有一个向右的箭头▶，这表明执行这样的菜单命令还有几种选择。选中这样的菜单命令后，下拉菜单的右侧还会出现另外一个菜单供选择，这一菜单称为子菜单。

同 Word 以前的版本相比，Word 2000 在菜单方面做了较大的改动，使用了动态自适应菜单技术。使用鼠标单击菜单名后，首先显示的是只包含最常用或最近使用过的命令的短菜单。由于短菜单中显示的命令较少，因而更易于找到所需要的命令。如果所需要的命令没有在菜单中显示出来，当鼠标在菜单上停留数秒或单击菜单中的下拉箭头▼，Word 会将菜单中的所有命令显示出来，其中菜单中浅色背景的命令就是被短菜单隐藏起来的命令。

图 3-2　编辑菜单

3．工具栏

工具栏提供了执行菜单命令的最直接的操作方式，例如保存文件、打开文件、剪切、粘贴、设定文字格式、设定段落格式等。原来需要好几次菜单操作才能完成的工作，现在只需要按下工具栏中相应的工具按钮即可。

通常情况下，启动 Word 2000 后，在菜单栏的下面是两个首尾相连的工具栏，一个是常用工具栏，一个是格式工具栏。如果需要使用其他工具栏，则可在"视图"菜单中选择"工具栏"命令，在"工具栏"子菜单中单击要增加的工具栏名称即可。

工具栏中的按钮很多，尽管每个工具按钮都标有明显的图案，但要记住所有工具按钮的功能还是比较困难的，为此 Word 2000 提供了"工具提示"的帮助功能。当用户想了解某一工具按钮的功能时，只需将鼠标指针移到该工具按钮处，几秒钟后，该按钮的功能提示便会显示出来。

Word 2000 的工具栏也被设计成动态自适应型的，即通常工具栏中只显示最常用或是最近用过的工具按钮。如果要用工具栏中没有显示出来的其他按钮，则可单击工具栏中的 或 按钮，将会显示其余工具按钮的下拉列表，在列表中列出了工具栏其余的工具按钮供使用。当选取了在下拉列表中的工具按钮后，Word 2000 会将它显示在工具栏中。

4．状态栏

状态栏位于窗口的最底端，一般从左至右显示当前的页号、节号、目前所在页数、总页数以及插入点在当前页面上的垂直位置、插入点在当前页的行数和列数等内容。

在状态栏的右侧还有四个按钮，每个按钮分别代表 Word 的一种工作方式（如改写方式），双击某个按钮可进入或退出相应的工作方式。当进入某种方式时，该按钮显示黑字；退出某种方式时，该按钮显示灰字。

5．标尺

标尺分为水平标尺和垂直标尺，只有在页面视图方式下才会显示垂直标尺。移动水平标尺上的标记可调整左右页边距、段落缩进量、表格列宽以及设置制表位等，垂直标尺可调整页的上下边距和表格的行高。

选择"视图"菜单中的"标尺"命令，可以设置在窗口中是否显示标尺。

6．滚动条

滚动条分为水平滚动条和垂直滚动条，分别位于窗口的底部和右侧。滚动条中的滑块用于指示当前所显示的内容在整个文档中所处的位置。操作滚动条可改变文档的显示范围，便于查看文档的内容。

在垂直滚动条的下端有一个"选择浏览对象"的按钮 ，单击该按钮会打开一个工具栏，用户可根据需要选择相应的按钮，如按页浏览 、按图形浏览 等，其优点是便于浏览文档并可加快浏览速度。随着所选浏览项目的不同，垂直滚动条上的 和 按钮的作用也会发生变化，例如由"前一页/下一页"变为"前一张图形/下一张图形"。

在水平滚动条的最左端有四个切换查看方式的按钮，分别是"普通视图"按钮 、"Web版式视图"按钮 、"页面视图"按钮 和"大纲视图"按钮 ，单击某一按钮可切换到相应的文档查看方式。

7．工作区

窗口中间的空白区域称为工作区（也称编辑区或文本区），供用户输入文档内容。不断闪烁的光标"I"表示插入点，指示当前输入内容的位置，用鼠标单击某位置，或移动键盘上的方向键，可以改变插入点的位置。在普通视图方式下，文档的末尾还会出现一个文件结束标志"＿＿"。

工作区最左边用虚线分隔开的条形区域（实际上没有虚线）是文本选择区，用于选取整行内容。当鼠标指针移动到文本选择区中时，它的形状会变成一个右斜的箭头。只要单击鼠标按钮，即可选取鼠标指针所在的行，拖动鼠标则可选取多行内容。

三、文稿的创建

1．新建文档

在输入文稿前，首先需要新建一个文档或打开已有的文档，然后才能进行文稿的录入工作。前面已经提到过，Word 2000 在启动时会自动根据默认的模板创建一个新文档，但是这个新文档可能并不满足我们的要求。这时，可以在 Word 已经被启动的情况下，通过以下几种方式来创建另外一个新的文档。

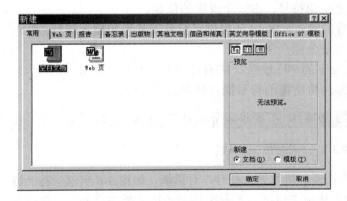

图 3-3　"新建"对话框

在 Word 2000 窗口中，选择"文件"菜单下的"新建"命令，将打开"新建"对话框，如图 3-3 所示。该对话框中有多个选项卡，如报告（如图 3-4 所示）、备忘录、信函和传真等。每个选项卡上都有若干个模板，用户选择某一模板后单击"确定"按钮，就可以新建一个基于该模板的文档，根据模板的提示便可完成文档的创建工作。系统默认采用"常用"选项卡上的"空白文档"模板。

单击常用工具栏中的"新建空白文档"按钮，则 Word 2000 会自动根据空白文档模板创建一个新的文档，不再弹出"新建"对话框。

2．文稿的录入

文稿的内容主要是文字和符号。由于 Word 具有图文混排功能，因此还可以插入图片、表格、图形和公式等内容。

由于 Word 具有自动换行的功能，因此用户只有在输入完一段的内容后，才需要按回车键（Enter 键）开始新的段落。每按一次回车键，在段尾就形成一个段落标记↵，它是非打印字符，将来打印输出时不会在纸上看到它。选择"视图"菜单中的"显示段落标记"命令，可以设置在窗口中是否显示段落标记。

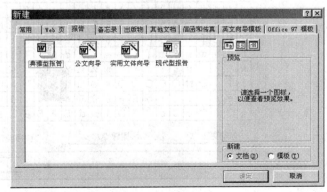

图 3-4　"报告"选项卡

（1）汉字的输入　启动 Word 后，一般处于英文输入状态，此时按一下【Ctrl+空格】键便启动了当前汉字输入法（屏幕底部显示汉字输入法状态框）；再按一下【Ctrl+空格】键则退出了汉字输入状态。

此外，也可用按【右 Ctrl+右 Shift】键的方法，进行汉字输入法的启动、退出和不同输入法之间的切换。

（2）输入英文字母和数字　英文字母和数字可以直接从键盘输入。如果当前正处于汉字输入状态，但需要输入小写英文字母时，就需要先按【Ctrl+空格】，关闭汉字输入法或单击输入法状态框中的中英文切换按钮，进入英文输入状态，然后再进行输入（要输入大写英文字母，还需先按下 CapsLock 键）。

（3）输入符号　利用键盘可以输入各种标点符号、货币符号、数学符号等。中文输入状态框中的"．，"按钮是中文符号和西文符号的切换按钮。在中文符号输入方式下，键入的标点符号为中文标点符号，它们都是全角符号，占一个汉字的位置。

此外，对于一些特殊字符或符号的输入，Word 还提供了符号工具栏和插入符号、插入特殊符号两个菜单命令。具体操作方法分别介绍如下：

选择"视图"菜单中"工具栏"项下的"符号栏"，将打开符号工具栏（如图 3-5 所示），用户只需要单击相应的符号按钮，即可将所需的符号插入到当前光标处。

图 3-5　"符号栏"工具栏

选择"插入"菜单中的"符号"命令，将打开"符号"对话框，如图 3-6 所示。在"符号"对话框中有两张选项卡，"符号"选项卡包括按不同字体和子集分类的符号表。单击表中的某个符号，它将被放大显示，这时，双击该符号或单击"插入"按钮，就可以把它插入到当前光标处；"特殊字符"选项卡则可以用来插入长画线、版权符、注册符或商标符等特殊字符。

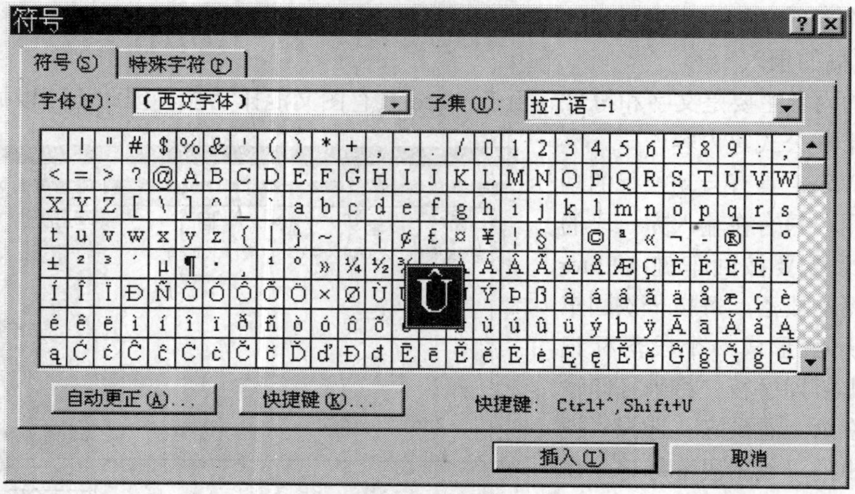

图 3-6　"符号"对话框

选择"插入"菜单中的"特殊符号"命令，将打开"插入特殊符号"对话框，如图3-7所示。该对话框包含六张选项卡，用户可以在这些选项卡中查找所需要的符号。单击表中的某个符号，它将呈蓝底白字显示。移动鼠标指针，它所指向的那个符号将被放大显示在对话框右下角的预览区域内，双击该符号，就可以把它插入到当前光标处。此外，单击"显示符号栏"按钮将会在对话框的下部显示"符号工具栏"中的工具按钮，单击某个工具按钮，则会将该按钮所代表的符号替换成符号表中的当前符号（即蓝底白字的那个符号）。

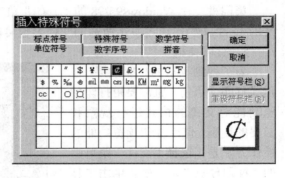

图3-7 "插入特殊符号"对话框

3．保存文稿

当一篇文稿输入完成之后就需要进行文稿的保存工作了。选择"文件"菜单中的"保存"命令或单击工具栏中的"保存"按钮 ![保存图标] 都可以完成文档的保存工作。如果是新文档的第一次保存，将会弹出"另存为"对话框（如图3-8所示），要求用户指定文档的文件名和文件的存放位置，然后单击"保存"按钮即可；如果是已存在的文件，则Word会自动地将它以原文件名保存，不再弹出"另存为"对话框。

图3-8 "另存为"对话框

此外，如果要将已有的文档以新的文件名保存到其他驱动器或文件夹中，则可以选择"文件"菜单中的"另存为"命令，在弹出的"另存为"对话框（如图3-8所示）中改变其保存位置或文件名，然后单击"保存"按钮即可。这种方式可用于进行文档的复制。

4．打开已有的文档

在 Word 窗口中，要打开原有文档，重新进行编辑，通常有四种操作方法，具体选择哪一种，用户可以根据具体情况和习惯来定。

第一种：选择"文件"菜单中"打开"命令，在出现的"打开"对话框（如图3-9所示）中填好原有文档的位置和文件名称（也可以浏览相关文件夹后进行选择），然后单击"打开"按钮即可。

第二种：单击"文件"菜单，在"文件"下拉菜单的最后会列出最近使用的文档，单击所需的文档名，即可打开该文档。通常列出的文档数是 4 个，最多可以列出 9 个文档。这个文档数的设置可以通过单击"工具"菜单中的"选项"命令，打开"选项"对话框，选择其中的"常规"选项卡，修改"列出最近所用文件"后的数字来进行。

第三种：单击工具栏中的"打开"按钮 ![打开图标] 即可出现"打开"对话框（如图3-9所示），

填好原有文档的位置和文件名称后（也可以浏览相关文件夹后进行选择）也可以打开已有文档。

第四种：在 Windows95/98 的"开始"菜单中有一个"文档"选项，这里列出了最近打开的 15 个文档，通过单击所需的文档名也可以打开已有的文档。

5. 打印文稿

为了得到满意的打印效果，在正式打印文稿前，通常要用打印预览功能对文稿的格式进行观察和必要的调整。使用打印预览功能的操作方法是：选择"文件"菜单中的"打印预览"命令或者单击工具栏中的"打印预览"按钮 ，在打开的打印预览窗口中，可以调整和修改页边距、段落缩进格式等。

如果对文稿的效果完全满意，就可以进行正式打印了。具体操作方法是：选择"文件"菜单中的"打

图 3-9　"打开"对话框

印"命令，将打开"打印"对话框，如图 3-10 所示。在该对话框中，用户可根据具体要求进行打印设置。设置完成后单击"确定"按钮即可开始打印。

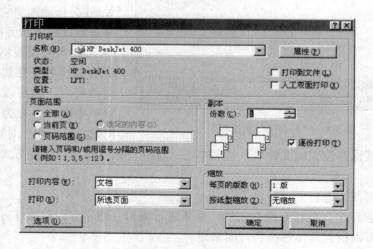

图 3-10　"打印"对话框

此外，用鼠标单击工具栏中的打印按钮 🖨 可直接执行打印操作，不会显示"打印"对话框。

6. 关闭文档

用户保存完文稿后就可以退出 Word 应用程序，但如果还想对其他文档进行操作，可以先关闭当前文档，再打开新的文档。

单击位于菜单栏最右侧的文档窗口关闭按钮 ✖，可以关闭当前的文档。如果文档已进

行过修改但尚未保存，则系统将弹出询问是否保存的对话框，要求用户确认。注意，若同时打开了多个文档，则将不会显示文档窗口关闭按钮▣，用户可以单击位于标题栏最右侧的 Word 应用程序窗口关闭按钮▣来关闭当前的文档。

四、文稿的编辑

Word 具有很强的编辑功能，利用它不仅可以快速地插入、选定、复制、删除和移动文本，而且还可以对错误的操作进行撤消，恢复原操作。

1．插入点的定位

文本的插入、选定、删除、替换、移动和复制均涉及到插入点的定位。Word 仍然支持传统的键盘定位方法，同时又支持鼠标自由定位插入点和其他的定位方法。

（1）使用鼠标定位插入点　用鼠标定位插入点时，在屏幕所见的范围内可以用鼠标直接单击所需位置，除此而外，则需要通过水平和垂直滚动条进行移动和翻页操作。

（2）用键盘移动插入点　可用方向键移动插入点到所需的位置。此外，如果文本的内容不能同屏显示时，还可使用 PgUp、PgDn 键进行进行翻页，然后再用方向键定位插入点。表 3-1 列出了移动插入点的一些常用键（包括组合键）。

移动插入点的常用按键　　　　　　　　　　　　表 3-1

按　键	完成的操作	按　键	完成的操作
→	插入点右移一个字符或汉字	Ctrl＋→	插入点右移一个单词
←	插入点左移一个字符或汉字	Ctrl＋←	插入点左移一个单词
↑	插入点上移一行	Ctrl＋↑	插入点移到当前段的开始。如果已在段的开始位置，则移到前一段的开始
↓	插入点下移一行	Ctrl＋↓	插入点移到下一段的开始
PgUp	插入点上移一屏	Ctrl＋PgUp	插入点移到上一页的开始
PgDn	插入点下移一屏	Ctrl＋PgDn	插入点移到下一页的开始
Home	插入点移到当前行的开始	Ctrl＋Home	插入点移到文档的开始
End	插入点移到当前行的结尾	Ctrl＋End	插入点移到文档的结尾

（3）使用"定位"命令定位插入点　选择"编辑"菜单中的"定位"命令，将打开"查找和替换"对话框（如图 3-11 所示）。利用该对话框中的"定位"选项卡，可以将插入点直接移到一些特殊的位置，例如某一页、某一个表格等。最后单击"关闭"按钮关闭"查找和替换"对话框。

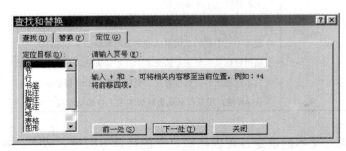

图 3-11　"查找和替换"对话框

（4）使用"文档结构图"快速移动插入点 选择"视图"菜单中的"文档结构图"命令，在文档窗口的左边将出现一个窗口，列出了文档中的各级标题。用户可以通过文档结构图方便地浏览整个文档，也可以用鼠标单击某个标题，这时插入点就会自动移到相应的标题前。

如果要隐藏"文档结构图"，可再次选择"视图"菜单中的"文档结构图"命令即可。

2．文本的插入

一旦掌握了插入点的定位方法，文本的插入就变得非常简单。将插入点移到需要插入字符的位置，然后输入字符，则输入的字符就出现在插入点的前面。

在输入字符时，还需要注意当前是处于改写模式还是插入模式。如果状态栏右侧的"改写"字样是灰色的，则表明当前为插入模式；如果"改写"字样是黑色的，则表明当前为改写模式。在插入模式下，输入的字符插入到插入点的左边，插入点和插入点后的文本向右移动；而在改写模式下，输入的每一个字符都将取代插入点后原有的字符，插入点随着向右移动，其他字符位置不变。通过双击状态栏上的"改写"字样或按下 Insert 键，可在插入模式和改写模式之间快速切换。

3．文本的选定

选定文本可以使用键盘，也可以使用鼠标。与插入点的定位相类似，用键盘选定文本比较机械，而用鼠标选定文本则较为随意。

（1）使用键盘选定文本 首先将插入点移到所要选定的文本的起始位置（或终止位置），按住 Shift 键，再将插入点移到所要选定的文本的终止位置（或起始位置），松开 Shift 键，所选中的文本呈反白显示（即文字颜色和背景颜色对调），表示该部分文本已选定。

此外，按下【Ctrl+A】键则可选定整个文档。

（2）使用鼠标选定文本 首先将鼠标指针指向所要选定的文本的起始位置（或终止位置），按住鼠标左键不放，拖动鼠标即可选中文本，到达所要选定的文本的终止位置（或起始位置）时，再松开鼠标左键即可。若是需要进行整行文本的选定，则可将鼠标指针移到工作区左边的文本选择区中，此时鼠标指针会变成一个右斜的箭头。使用鼠标选定文本的具体操作方法见表 3-2。

用鼠标选定文本的方法   表 3-2

选定内容	操　　作
一个单词	双击要选定的单词
一个句子	按住 Ctrl 键，单击句中任意位置
一行	在文本选择区中单击该行
多行	在文本选择区中单击第一行并拖动到最后一行
一个段落	在段落中三击鼠标或用鼠标双击该段对应的文本选择区
任意文本	直接用鼠标从所要选定的文本的开始位置拖动到结束位置处
整个文档	在文本选择区的任意位置三击鼠标或按住 Ctrl 键后单击鼠标
矩形文本区	按住 Alt 键，用鼠标从选定区域的左上角拖动到右下角

如果需要取消对文本的选定，可以按键盘上的任意方向键，或者，在工作区的任何位置单击鼠标即可。

4．文本的删除

当需要删除一两个字符时，可以直接用 Delete 键或 Backspace 键。而当删除的文字很多时，就需要先选定要删除的文本，然后再按 Delete 键删除，或者用鼠标单击常用工具栏中的"剪切"按钮 ✂ ，或在编辑菜单中选择"剪切"命令。特别要说明的是，按 Delete 键后，选定的内容被删除但不送入到剪贴板中；而用鼠标单击常用工具栏中的"剪切"按钮后，选定的内容在被删除的同时会送入到剪贴板中。与"剪切"命令等效的键盘操作是【Shift+Delete】组合键。

5．文本的移动

在文本的编辑过程中，常常会对文本的前后顺序进行重新调整。这就涉及到一段文字甚至几段、几十段文字从文档的一个位置搬移到另一个位置的操作，即文本的移动。

文本的移动可以通过以下两种方式来实现：

（1）使用剪贴板移动文本　使用剪贴板移动文本通常分为以下四个步骤：

1）文本的选定：即选定需要移动的文本；

2）剪切操作：将选定的文本"剪切"掉，放入剪贴板中；

3）插入点的定位：将插入点定位到需要插入该段文本的位置；

4）粘贴操作：粘贴剪贴板中的文本。

其中，步骤 1）和 3）的操作方法前面已经介绍过。下面主要介绍剪切操作、粘贴操作和 Word 2000 的剪贴板。

剪切操作是把选定的内容复制到剪贴板上，并将选定的内容从文档中清除。选择编辑菜单（或在选定的文本上单击鼠标右键弹出的快捷菜单）中的"剪切"命令（或单击常用工具栏中"剪切"按钮 ✂ ）即可执行剪切操作。需要注意的是，当没有被选定的文本时，"剪切"命令选项和"剪切"按钮呈灰色，不可执行。

粘贴操作是把剪贴板中的内容复制到插入点所在位置。选择编辑菜单（或在选定的文本上单击鼠标右键弹出的快捷菜单）中的"粘贴"命令（或单击常用工具栏中"粘贴"按钮 📋 ）即可执行粘贴操作。但也要注意，当剪贴板中没有内容时，"粘贴"命令选项和"粘贴"按钮呈灰色，不可执行。

在 Word 2000 中，新增了一个多重剪贴板。该剪贴板与 Windows 操作系统提供的剪贴板不同，它可以同时存放多项（最多 12 项）内容。也就是说，用户可以同时将多项内容复制到该多重剪贴板，然后还可以根据需要选择其中的一项或是全部粘贴到文档中。要充分发挥多重剪贴板的作用，首先需要打开"剪贴板"工具栏（如图 3-12 所示）。具体的操作方法是：单击"视图"菜单，将鼠标指针指向"工具栏"项，在"工具栏"子菜单中单击"剪贴板"命令。

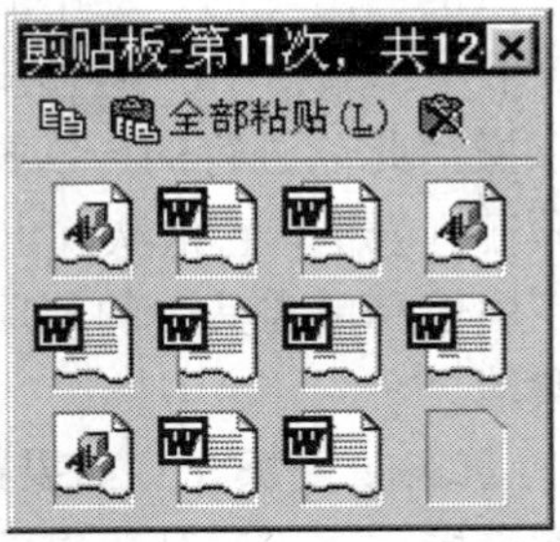

在图 3-12 所示的剪贴板工具栏中，只要鼠标在剪贴图标按钮上停留数秒，鼠标指针旁边就会出现该剪贴图标所代表的内容概要。进行粘贴操作时可以选择其中的一个图标，单击该图标按钮就可以将图标所代表的内容粘贴到插入点所在位置；也可以单击"全部粘贴"按钮，这样可以将剪贴板中的全部内容粘贴到文档中。此外，单击剪贴板工具栏中的"复制"按钮 📋 ，可将选定的内容复制到剪贴板中；单击"清空

图 3-12　"剪贴板"工具栏

剪贴板"按钮 ，可以将剪贴板中的全部内容删除掉。

（2）使用鼠标快速移动文本　首先选中需要移动的文本，然后将鼠标指针指向所选取的文本，当鼠标指针变为左斜的箭头时，按住鼠标左键，这时鼠标指针的箭头处出现一条竖虚线，箭柄处有一个虚方框，然后拖动鼠标，直到竖虚线定位到需要插入所选定文本的位置，松开鼠标左键，于是所选定的文本就移动到了这个新位置。此外，也可以按住鼠标右键进行拖动，到达目的地后松开鼠标右键会弹出一个快捷菜单，选择"移动到此位置"即可。

6．文本的复制

与文本的移动相同的是，文本的复制也是要将选定的文本从文档的一个位置搬移到另一个位置。所不同的是，移动完文本后，原处的文本不再存在，而复制完文本后，原处仍保留着被复制的文本。

文本的复制也可以通过以下两种方式来实现：

（1）使用剪贴板复制文本　使用剪贴板复制文本通常也分为以下四个步骤：

1）文本的选定：即选定需要移动的文本；

2）复制操作：将选定的文本复制到剪贴板中；

3）插入点的定位：将插入点定位到需要插入该段文本的位置；

4）粘贴操作：粘贴剪贴板中的文本。

其中，步骤1）、3）和4）的操作方法前面已经介绍过，下面仅讨论复制操作。

复制操作是把选定的内容复制到剪贴板上，选定的内容仍保留在文档中。选择编辑菜单（或在选定的文本上单击鼠标右键弹出的快捷菜单）中的"复制"命令（或单击常用工具栏中"复制"按钮 ）即可执行复制操作。同样，当没有被选定的内容时，"复制"命令选项和"复制"按钮呈灰色，不可执行。

（2）使用鼠标快速复制文本　首先选中需要复制的文本，然后将鼠标指针指向所选取的文本，当鼠标指针变为左斜的箭头时，按住 Ctrl 键不放（直至整个操作结束），并按住鼠标左键，这时鼠标指针的箭头处出现一条竖虚线，箭柄处有一个虚方框，虚方框上有一个加号，然后拖动鼠标，直到定位到需要插入所选定文本的位置，松开鼠标左键，于是所选定的文本就复制到了这个新位置。此外，也可以按住鼠标右键（不需要按住 Ctrl 键）进行拖动，到达目的地后松开鼠标右键会弹出一个快捷菜单，选择"复制到此位置"即可。

7．操作的撤消与恢复

（1）撤消误操作　在编辑过程中有时难免会出现误操作，利用 Word 所提供的"撤消"功能可以撤消已经发生的误操作，包括撤消已出现的一连串的误操作。

常用工具栏中的 按钮是"撤消"按钮，每单击 一次可以撤消此前进行的一次操作。单击 按钮，则会打开一个操作顺序列表框，它依次列出最近进行的各项操作，如图 3-13 所示。用鼠标单击其中的某项，则发生在它后面的其他操作都将被取消。

图 3-13　撤消列表框

（2）恢复操作　如果在执行完"撤消"命令后再单击"恢复"按钮 ，表示放弃这次撤消操作，恢复到原来的状态。如果在执行"撤消"命令后又进行了新的操作，则"恢复"按钮不再起作用。

五、文稿的排版

（一）字体的设置

在一篇文稿中，不同地方出现的文本可能会需要选择不同的字体，比如标题与正文应不同，不同级别的标题之间也应不同，等等，因此，需要分别对不同文本设置不同的字体。

在 Word 中字体的设置非常简单：首先选定要进行字体设置的文本，然后选择"格式"菜单中的"字体"命令，打开"字体"对话框，如图 3-14 所示。在字体选项卡上可以设置中文的字体、西文的字体、字形、字号、字体颜色、下划线、上下标等内容，在字符间距选项卡中还可以设置字符的缩放比例、字符之间的距离、字符的位置等内容。

除了利用"字体"对话框进行字体的设置以外，还可以使用格式工具栏上的字体设置按钮（如图 3-15 所示）快速设置字体的格式：

（1）当需要设置选定文本的字体时，可以用鼠标单击字体文本框右边的下拉按钮▾，从字体列表中选出所需要的字体即可。

（2）当需要设置选定文本的字体大小时，可以用鼠标单击字号文本框右边的下拉按钮▾，从字号列表中选出合适的字体大小即可。

（3）当需要设置选定文本的字形时，只需用鼠标单击加粗 **B** 和/或倾斜按钮 *I* 即可。

（4）当需要给选定文本设置下划线时，可以使用下划线按钮 **U** ▾。用鼠标单击 **U** 就可以给文本设置单下划线，此外，单击下拉按钮▾还可以设置下划线的线型和颜色。

（5）当需要给选定文本设置边框和底纹时，只需用鼠标单击字符边框 Ａ 和/或字符底纹 Ａ 按钮即可。

图 3-14　"字体"对话框

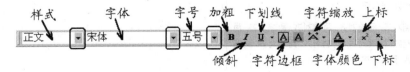

图 3-15　字体设置按钮

（6）当需要给选定文本设置缩放间距时，只需用鼠标单击字符缩放按钮，单击右边的下拉按钮▾还可以设置缩放的比例。

（7）当需要给选定文本设置字体颜色时，只需用鼠标单击字体颜色按钮 Ａ，单击右边的下拉按钮▾还可以将字体设置成其他颜色。

（8）当需要将选定的文本设置成上标或下标时，只需用鼠标单击上标按钮 x^2 或下标按钮 x_2 即可。

（二）段落的设置

段落设置决定每一段的格式，它通常包括设置对齐方式、缩进方式、段间距、行间距等内容。段落设置的好可以体现一个文档编辑的良好风格。

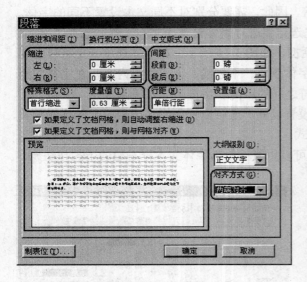

图3-16 "段落"对话框

段落设置是以段落为单位的，在 Word 中，以段落标记符 ↵ 来标识一个段落的结束。段落标记还保留着有关该段落的所有格式设置信息。所以移动或复制一个段落时，若要保留该段落的格式，就一定要将该段落的段落标记包括进去。当按下 Enter 键（即回车键）开始一个新段落时，Word 复制前一段的段落标记及其中所包含的格式信息。可以选中段落标记来对其所在段进行格式化设置。

设置段落时，首先选择"格式"菜单中的"段落"命令，屏幕上将出现"段落"对话框，如图3-16所示。段落设置的效果可以直接在该对话框中的预览栏内看到，如何使用该对话框将在下面分别说明。

1．段落的对齐方式

对齐方式设置段落中文本的分布情况。Word 所提供的对齐方式有左对齐、两端对齐、居中、右对齐及分散对齐等，图3-17就说明了这几种对齐方式。

设置对齐方式时，首先单击"段落"对话框中"对齐方式"下拉列表右边的下拉按钮，打开下拉列表，在其中就可以选择所需要的对齐方式。

除了使用"段落"对话框设置对齐方式外，还可以用鼠标直接单击格式工具栏中的对齐方式按钮（如图3-18所示）来快速地设置段落的对齐方式。

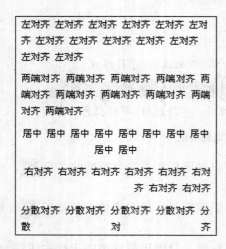

图3-17 对齐方式

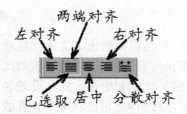

图3-18 对齐方式按钮

2．段落的缩进方式

在 Word 中，段落的缩进包括左缩进、右缩进、首行缩进和悬挂缩进四种方式，各种缩进方式的含义及在"段落"对话框中的操作方法如图 3-19、图 3-20 所示。

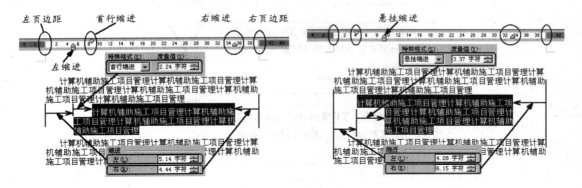

图 3-19　段落的首行缩进　　　　　　　　图 3-20　段落的悬挂缩进

此外，还可以使用鼠标对段落格式进行快速设置（如图 3-19、图 3-20 所示）：

（1）水平标尺左上方的 ▽ 为段落的首行缩进标志，用鼠标向左右拖动该标志，可以设定段落（或改变选定段落）首行行首的位置；

（2）水平标尺左下方的 △ 为段落的悬挂缩进标志，用鼠标向左右拖动该标志，可以设定段落（或改变选定段落）除首行外其余各行行首的位置；

（3）水平标尺左下方的 ▫ 为段落的左缩进标志，用鼠标向左右拖动该标志，可以设定段落（或改变选定段落）各行行首的位置；

（4）水平标尺右下方的 △ 为段落的右缩进标志，用鼠标向左右拖动该标志，可以设定段落（或改变选定段落）各行行尾的位置。

3．段间距和行间距

段间距分为段前间距和段后间距两种，所以段落间的距离应该是前一段的"段后间距"加上本段落的"段前间距"，或者是本段落的"段后间距"加上后一段的"段前间距"。如图 3-21 所示。

当需要设置段落间距时，可以使用"段落"对话框中的"间距"栏（如图 3-16 所示），在"段前"和"段后"文本框中可以设置段前和段后间距。

行间距是指段落中各行之间的距离。行间距的设定可以使用"段落"对话框中的"行距"栏（如图 3-16 所示）来完成。

4．段落的分页设置

对于文稿中的某些特殊段落，要求有特殊的编排方式。例如，每一章的标题应该从新的一页开始，每一节的标题不应该出现在一页的最后一行，有些段落不希望分成前后两页，有些段落希望与下一段落放在同一页上，等等。Word 所提供的段落的分页设置功能可以满足段落编排的这些特殊要求。使用"段落"对话框中的"换行和分页"选项卡，就可以进行段落的分页设置，如图 3-22 所示。

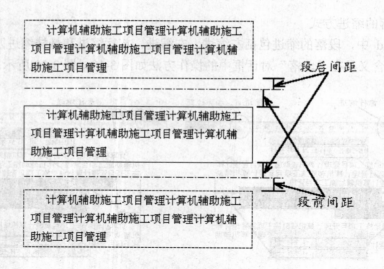

图 3-21　段落间距示意图

其中的各项说明如下：

（1）孤行控制是指禁止段落的首行出现在某一页的最后一行和段落的最后一行出现在页首；

（2）与下段同页是指禁止在该段及其下一段之间使用分页符，使该段与下一段始终在同一页中；

（3）段中不分页是指禁止在段落内使用分页符，使该段落在任何时候都不会跨页；

（4）段前分页是指在段落前插入一个硬分页符，使该段总位于一页的开始。

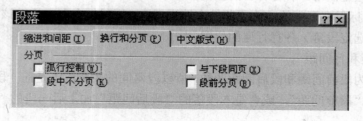

图 3-22　"换行和分页"选项卡

5．制表位的设置

由于段落对齐方式的存在，字符之间的空格不再等宽，使得靠空格不能实现严格的对齐。制表位正是 Word 提供的用于段中对齐的工具，可用来弥补空格对齐的不足。

Word 中有两种制表位：默认制表位和自定义制表位。默认制表位作用于整个文档。在输入文本时按下 Tab 键，通常是采用默认制表位，它并不在水平标尺上显示。自定义制表位是针对文档中的某一段落设置的，它只对建立该制表位的段落起作用。自定义制表位也使用 Tab 键，但它的优先级高于默认制表位。

在水平标尺的最左端有一个制表符按钮，每单击该按钮一次，它所代表的制表符改变一次。全部五种制表符所代表的对齐方式如表 3-3 所示。

制表符名称	图示	功 能 说 明
左对齐		从制表位开始向右排列文本。这是默认设置
居中		文本以制表位为中心对齐
右对齐		从制表位开始向左排列文本
小数点对齐		根据制表位对齐小数点。没有小数点的数字采用右对齐
竖线对齐		在制表位处显示一条垂直线穿过选定的段落

　　实际操作时，先单击制表符按钮选择合适的制表符，然后再在水平标尺上合适的位置处单击一下，就可以设置一个制表位，水平标尺上会出现一个相应的制表符标志。利用这种方法可以同时设置多个不同的制表位。配合 Tab 键的使用，所输入的文本会根据设定的对齐方式自动对齐。此外，用鼠标双击水平标尺上的某个制表符，将打开图 3-23 所示的"制表位"对话框（选择"格式"菜单中的"制表位"命令也可打开该对话框），在该对话框中还可以设定默认制表位的位置、设置或清除制表位、改变制表位的对齐方式、设定制表位的前导符等等。

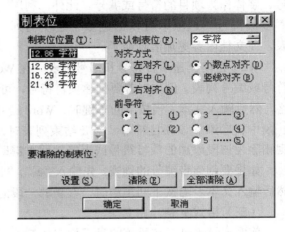

图 3-23　"制表位"对话框

　　利用水平标尺设置制表位的方法在创建列表、目录等内容时非常方便、灵活。图 3-24 就是利用自定义的制表位创建列表的例子。

图 3-24　自定义制表

　　此外，用鼠标拖动水平标尺上的制表符可调整制表位的位置。如果将它拖动到标尺之外，即可将它删除。

　　6. 项目的符号和编号

　　（1）添加项目符号和编号　通过使用项目符号和编号来组织段落可以使文章的结构层次分明，便于阅读，同时也可以简化用户的操作，还可以结合段落的缩进和制表位，形成多层次的项目符号和编号。具体操作方法是：首先选定要添加项目符号或编号的段落，然后用鼠标单击格式工具栏中的"项目符号"按钮或"项目编号"按钮即可进行设置。

也可以选择"格式"菜单中的"项目符号和编号"命令，在弹出的"项目符号和编号"对话框中进行设置，如图 3-25 所示。该对话框包括三个选项卡：项目符号、编号和多级符号。它们分别列出了七种形状的项目符号、七种形式的编号和七种形式的多级符号供选择使用。单击"项目符号"选项卡上的"图片"按钮，可以选择图片符号作为项目符号；单击各选项卡上的"自定义"按钮，还可以自定义一些符号、字体作为项目的符号或编号。此外，利用"多级符号"选项卡可以创建多个层次的列表，使文档内容更加清晰明了。

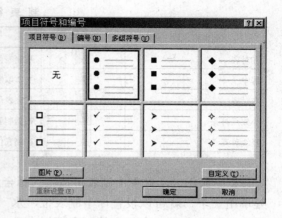

图 3-25　"项目符号和编号"对话框

（2）自动创建项目符号和编号列表　在 Word 2000 中，键入文本时可以自动创建项目符号或编号列表。例如，若要创建项目符号，可在段落的开始处输入一个"*"号和一个空格，然后输入文本。当按下回车键时，Word 会自动将星号转换成黑色的圆点，并且在新的一段中自动添加该项目符号。当要结束列表时，按回车键开始一个新段，再按 Backspace 键删除为该段添加的项目符号或直接按回车键即可。

如果要创建带编号的列表，先输入"a."、"1."、"（1）"等格式的编号，后跟一个空格，然后输入文本。当按下回车键时，在新的一段的开头会自动接着上一段进行编号。

（三）格式复制

前面已经说过，在段落的最后位置按 Enter 键（即回车键），新开始的段落将继续沿用前一段已设置好的格式。

对于不连续的段落或字符，为保证格式的一致或者加快格式设置的速度，可以使用常用工具栏中的"格式刷"按钮 进行格式的复制。具体操作方法是：首先选定要被复制格式的段落或字符，单击"格式刷"按钮，鼠标指针变为刷子形状，然后选定要设置格式的字符、段落或段落标记即可实现格式复制。

此外，双击"格式刷"按钮可实现格式的多次复制。要取消"格式刷"状态，可按 Esc 键或单击"格式刷"按钮即可。

（四）页面的设置

设置页面是页面格式化的主要任务，它直接关系到文档的打印效果。

1．添加页眉与页脚

页眉和页脚是指每页顶端或底部的特定内容，例如文档标题、部门名称、日期、作者姓名以及页码等。要具体设置页眉/页脚，首先需要从正文编辑区切换到页眉/页脚编辑区。在页面视图（单击水平滚动条左端的"页眉视图"按钮 可切换到该视图）下，正文编辑区内的文字是黑色的，而页眉/页脚编辑区的文字是灰色的。选择"视图"菜单中的"页眉和页脚"命令，或者直接用鼠标直接双击页眉或者页脚，就可以从正文编辑区切换到页眉/页脚编辑区。此时正文编辑区内的文字变成灰色，而页眉/页脚编辑区内的文字则变成黑色，并且在屏幕上出现了一个"页眉和页脚"工具栏，如图 3-26 所示。

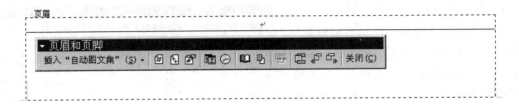

图 3-26　页眉和页脚

页眉和页脚的编排与正文的编排类似，同样涉及到字体的设置和段落的设置，有时为了美观，还涉及到添加边框、底纹、图片等。单击"页眉和页脚"工具栏中的按钮可以在页眉、页脚中插入特定内容的文本，例如日期、时间、页码、页数等。单击"在页眉和页脚间切换"按钮　，可进入页脚框中对页脚进行设置。

单击"页眉和页脚"工具栏中的"页眉设置"按钮　，将打开"页面设置"对话框，如图 3-27 所示。通过在"页眉和页脚"栏中选择"奇偶页不同"或"首页不同"选项，可为文档的首页或者奇偶页分别设置不同的页眉和页脚。

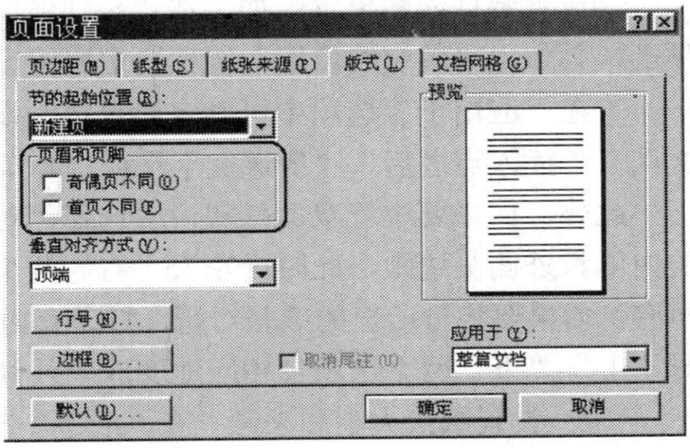

2．插入页码

一个长文档可能会分成好多个文件，这样每个文件的页码设置就很重要。通常要使后一个文件的起始页码刚好接上前一个文件的最后一个页码，这就需要进行页码的设置。

图 3-27　"页面设置"对话框

选择"插入"菜单中的"页码"命令，将打开"页码"对话框，如图 3-28 所示。在该对话框中可设置页码的位置及对齐方式。单击"格式"按钮，则可打开"页码格式"对话框（如图 3-29 所示），进行页码格式的设置。此外，单击"页眉和页脚"工具栏中的"设置页码格式"按钮　也可打开"页码格式"对话框。

图 3-28　"页码"对话框

图 3-29　"页码格式"对话框

3．设置页边距及纸张

选择"文件"菜单中的"页眉设置"命令，将打开"页面设置"对话框，如图 3-30 所示。它包括有五个选项卡，分别可用于设置页边距、纸张大小、版面等。

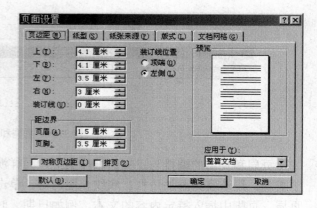

（1）设置页边距　在"页边距"对话框中可以设置如下内容：

①设置上、下、左、右页边距：在相应的文本框中输入页边距的数值，或者单击文本框右边的微调按钮来修改页边距的数值；

图 3-30　"页面设置"对话框

②在"距边界"栏中设置页眉距页面上边界的距离和页脚距页面下边界的距离；

③设置装订线的位置：如果在"装订线"框中输入了某个数值，将会在页面的左侧或顶端（具体由"装订线位置"选项决定）留出装订线的位置，以方便进行文稿的装订；

④在"应用于"选项中可确定该页边距设置所适用的范围：根据需要可以选择"整篇文档"、"插入点之后"、"所选文字"或"本节"等。

此外，如果要进行双面打印，应选择"对称页边距"选项，以使相对的两页具有相同的内侧和外侧页边距，此时"左"、"右"两个选项会相应地变成"内侧"、"外侧"选项。再有，如果要将打印出的纸张对折（打印有内容的一面向外），则应选择"拼页"选项，此时"上"、"下"两个选项会相应地变成"外侧"、"内侧"选项。

（2）设置纸张大小和来源　在"纸型"选项卡中可以设置所用打印纸的纸型、大小和页面方向，如图 3-31 所示。在"预览"框中可以看到纸型、大小和方向设置后的效果，如果不满意还可以重设。

另外，在"页面设置"对话框（如图 3-30 所示）中的"纸张来源"选项卡上还可以设置首页和其他页的纸张来源，如默认纸盒、自动送纸或手动送纸等等。

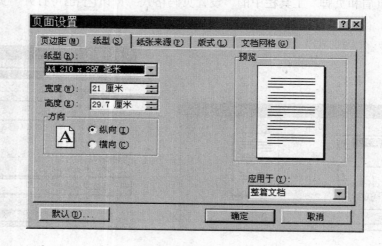

图 3-31　"纸型"选项卡

六、图文混排

一般的工程文档都免不了要使用图形，如施工平面图、节点大样图等。在 Word 中，既可以使用它所提供的绘图工具在正文编辑区中直接画图，也可以将其他应用程序生成的图形文件直接插入到正文编辑区中，并进行编辑。

（一）图片的插入与处理

文档中插入的图片主要有三种类型：位图、图元和图片对象。位图无法取消组合，而图元则可以取消组合，转换为图形对象，并可以使用"绘图"工具栏（如图 3-32 所示）进行编辑。图片对象则需要使用创建它的应用程序进行编辑。

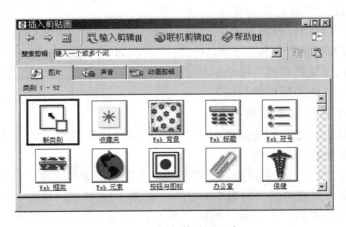

图 3-32　"绘图"工具栏

图片的插入方式有两种：浮动图片和嵌入图片。浮动图片处于图形层，可以在页面上精确确定其位置，并可将其放在文字或其他对象的前面或后面，也可以设置文字与浮动图片之间的环绕方式，或将浮动图片锁定到某一段落，让它随段落一起移动。浮动图片之间还可以相互重叠，也就是浮动图片可以有多层，可以调节相互重叠的图片之间的层次关系。插入到文档中的图片默认采用浮动图片方式。对嵌入图片而言，它直接插入到字符处，处于文本层，与普通文本类似，会随插入点的移动而移动。

1．插入图片

插入图片的方法一般有四种：一是从 Word 2000 自带的剪辑库中选择剪贴画或图片；二是插入图形文件中的图片；三是插入来自扫描仪和相机的图片；四是插入图片对象。

（1）插入剪辑库中的图片　首先将插入点移到要插入剪贴画的位置，然后单击"插入"菜单，将鼠标指针指向菜单中的"图片"项，在打开的"图片"子菜单中选择"剪贴画"命令，将弹出"插入剪贴画"窗口，如图 3-33 所示。在"图片"卡片上先选择剪贴画所属的类别，然后再从图片框中选择所需的剪贴画，在出现的活动工具栏中单击"插入剪辑"按钮  ，所选的图片就插入到文档中了。

图 3-33　"插入剪贴画"窗口

插入的剪贴画大多是图元，单击"绘图"工具栏（如图3-32所示）中的"绘图"按钮，从弹出的"绘图"菜单中执行"取消组合"命令，可将剪贴画转换为图形对象。这时，可以使用"绘图"工具栏中的绘图工具对这些图形对象进行编辑。

（2）插入图形文件中的图片 首先将插入点移到要插入图片的位置，然后单击"插入"菜单，将鼠标指针指向菜单中的"图片"项，在打开的"图片"子菜单中选择"来自文件"命令，将弹出"插入图片"对话框，如图3-34所示。在"查找范围"下拉列表中选择图形文件所在的驱动器和文件夹，在"文件类型"下拉列表中选择图形文件的类型，从文件列表框中选择选择所需的图形文件名，在"预览"框中可以看到图片的效果，最后单击"插入"按钮，所选定的图形文件将被插入到文档中。

图 3-34 "插入图片"对话框

（3）插入来自扫描仪和相机的图片 如果计算机安装了扫描仪或者连接了数码相机，则还可以扫描一些照片或从数码相机中直接载入一些照片，作为图片插入到文档中。具体操作方法是：首先将插入点置于要插入图片的位置，然后单击"插入"菜单，将鼠标指针指向菜单中的"图片"项，在打开的"图片"子菜单中选择"来自扫描仪或相机"命令，将打开"插入扫描仪中的图片或相机"对话框（如图3-35所示）。如果有多个

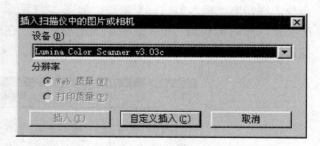

图 3-35 "插入扫描仪中的图片或相机"对话框

这样的设备与计算机相连，则还需要在"设备"列表框中选择所需的设备。最后单击"插入"按钮，照片就被插入到文档中了。

（4）插入图片对象 首先将插入点移到要插入图片对象的位置，然后选择"插入"菜单中的"对象"命令，将打开"对象"对话框，如图3-36所示。单击"对象类型"列表框中的某项，将打开对应的应用程序，例如单击"AutoCAD Drawing"项，将打开绘图软件AutoCAD。在应用程序的绘图窗口中就可以绘制出所需的图形，关闭应用程序窗口则会返

回到 Word 中，所绘制的图形就插入到文档中了。

　　此外，利用"对象"对话框中的"由文件创建"选项卡，还可以将有关应用程序（比如绘图软件 AutoCAD）已经创建好的图形文件插入到文档中。

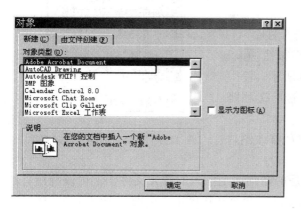

图 3-36　　"对象"对话框

2．处理图片

　　单击插入到文档中的图片，图片周围会出现八个控制柄，表示该图片已经被选中。这时，就可以对图片进行编辑和修改，以满足实际需要。

　　（1）改变图片大小　选中图片后，将鼠标指针移到图片的控制柄上，待鼠标指针变为双向箭头后，按住鼠标左键并进行拖动则可以改变图片的大小。拖动鼠标时，屏幕上会出现一个虚线框指示改变后的图片大小，在觉得合适后松开鼠标左键即可。注意，若要按比例地改变图片的大小，则需将鼠标指针移到四个角上的控制柄上后再进行拖动。

　　（2）调整图片位置　对处于浮动方式的图片，当鼠标指针移到图片上时，鼠标指针将变为 形状，此时按住鼠标左键并进行拖动，就可以将图片移到所需的位置上。

　　如果要将所插入的图片由嵌入方式改为浮动方式，则可在选中图片后单击"图片"工具栏（如图 3-37 所示）中的"设置图片

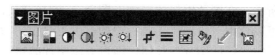

图 3-37　　"图片"工具栏

格式"按钮 ，打开"设置图片格式"对话框，然后在"版式"选项卡（如图 3-38 所示）上的"环绕方式"栏中选择除"嵌入型"以外的四种方式之一即可。

　　（3）裁剪图片　如果希望隐藏图片的某一部分，则可以使用图 3-37 所示的"图片"工具栏中的"裁剪"按钮 ，将需要隐藏的部分裁剪掉。具体操作方法是：首先选中图片，再单击"裁剪"按钮 ，然后将鼠标指针移到图片的控制柄上，鼠标指针变为 形状。拖动鼠标将出现一个虚线框，在框外的图片将被隐藏。另外，通过重新调整线框的大小，还可以将被隐藏的图片内容重新显示出来。

　　（4）图像控制　图片的显示效果取决于三个因素：颜色、亮度和对比度。在图 3-37 所示的"图片"工具栏中，有五个工具按钮可用于调整图片的显示效果："图像控制"按钮 用于设定图片的颜色，"增加对比度"按钮 和"降低对比

图 3-38　　"版式"选项卡

度"按钮 ◑ 用于设定图片的对比度,"增加亮度"按钮 ☼↑ 和 "降低亮度"按钮 ☼↓ 用于设定图片的亮度。使用上述的这些工具按钮就可以快速完成图片的颜色、亮度和对比度的设置。

（5）改变浮动图片的环绕方式 单击"图片"工具栏（如图 3-37 所示）中的"文字环绕"按钮 ▣，将打开"文字环绕"活动菜单，如图 3-39 所示。使用该活动菜单就可以快速地改变浮动图片的正文环绕方式。

（6）修改图片 Word 2000 提供了多种修改图片的方法：

1）对于图元格式的浮动图片，无论是剪贴画还是插入的图元文件，都可以利用"绘图"工具栏（如图 3-32 所示）中的"取消组合"命令（在单击"绘图"按钮后弹出的"绘图"菜单中即可找到该命令）将图片变为图形对象，然后可以对图形对象进行增、删以及改变填充颜色、线条颜色等；

2）用鼠标右键单击所插入的图形文件，在打开的快捷菜单中选择"编辑图片"命令，可打开图片编辑窗口，同时在屏幕上显示"编辑图片"工具栏和"绘图"工具栏，如图 3-40 所示。在图片编辑窗口中，图元自动取消组合，而位图则整体充当一个图形对象。此时，可以使用"绘图"工具栏中的有关工具按钮对图片进行编辑操作。单击"编辑图片"工具栏中"关闭图片"按钮，即可关闭图片编辑窗口返回到文档窗口中。

图 3-39 "文字环绕"活动菜单

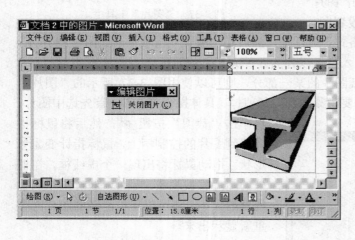

图 3-40 图片编辑窗口

3）双击所插入的图片对象，将打开对应的应用程序窗口，就可以对该图片对象进行编辑和修改等操作，完成后关闭应用程序窗口即可返回到 Word 的文档窗口。

（二）绘制图形

除了插入已有的图片外，用户也可以使用"绘图"工具栏（如图 3-32 所示）中所提供的绘图工具在自己的文档中绘制出所需的图形。

绘图工具栏中的"自选图形"菜单提供了 100 多种已设计好的图形样式，类型包括线条、基本形状、箭头总汇、流程图、星与旗帜、标注等。它们的大小可随意调整，也可进行旋转、翻转、添加颜色等操作。用户可以在文档中方便地使用这些自选图形。"自选图形"菜单如图 3-41 所示。

单击所绘制的自选图形，可以看到它的四周有控制柄，多数图形还有一些黄色的调整控制点。用鼠标拖动这些调整控制点可以改变图形的主要特征。

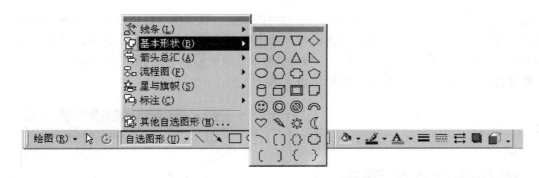

图 3-41　"自选图形"菜单

在"自选图形"菜单的"线条"子菜单中，提供了多种线条供选择，可绘制直线、箭头、双箭头、曲线、任意多边形和自由曲线等。

如果只想绘制简单的线条、箭头、矩形或椭圆，只需单击绘图工具栏中的相应按钮＼、＼、□ 和 ○。当鼠标指针变为十字形时，在所需的位置单击鼠标左键并拖动即可。如果在拖动的同时按住 Shift 键则可以绘制出特定角度的线段（如 30°、45°、60°、90°）、正方形或圆形。

另外，在 Word 中，用户可以直接在图形对象（直线或任意多边形除外）中添加文字。具体操作方法是：用鼠标右键单击该图形，从弹出的快捷菜单中选择"添加文字"命令，就会在图形对象上出现一个文本框，这时，可在框中键入文字。所添加的文字将作为该图形对象的一部分。

七、表格处理

由于表格具有清楚直观、信息量大的特点，因此在工程文档中，经常要用到表格。使用 Word 我们可以很方便地设计出版式精美的表格。

1．建立表格

在 Word 中，建立表格的方法很多，下面介绍其中常用的三种。

（1）插入表格　如果需要添加的表格是基本规则的表格，则可先将插入点移到要插入表格的位置上，然后单击"常用"工具栏中的"插入表格"按钮□，该按钮下方会出现一个 4 行 5 列的表格选择框。在表格选择框中拖动鼠标，则表格选择框会自动增大，且被选中的部分会高亮显示（如图 3-42 所示），表示将要创建的表格的行数和列数。当选取的表格行数和列数符合要求时，松开鼠标左键，则在插入点位置处会出现一个表格。插入点自动移到表格最左上角的单元格内。

另外，还可以选择"表格"菜单中"插入"子菜单下的"表格"命令，打开"插入表格"对话框，如图 3-43 所示。在该对话框中填写所需的行数和列数，单击"确定"按钮，即可插入所需表格。

（2）绘制表格　使用 Word 所提供的绘制表格工具，可以绘制出不规则的表格。具体操作方法是：首先将插入点移到要绘制表格的位置上，然后单击"常用"工具栏上的"表格和边框"按钮□或选择"表格"菜单中的"绘制表格"命令，打开"表格和边框"工具栏，如图 3-44 所示。这时工具栏中的"绘制表格"按钮 ☐ 处于被按下的状态，鼠标指针变成一支铅笔的形状。按住鼠标左键斜方向以对角线进行拖动，这时绘制出的是一个矩形边框，它是表格的外边框，大小由刚才的对角线决定。接下来可以通过拖动鼠标绘制出表格中的横线、竖线和斜线。这些线的线型、粗细和颜色可以使用工具栏上相应的工具按钮来改变。如果需要删除某条线，则可以单击"擦除"按钮 ，鼠标指针将变成橡皮的形状，在要擦除的直线上拖动鼠标就可以删除该直线。

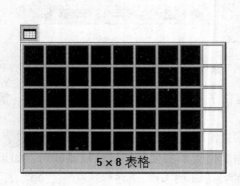

图 3-42　表格选择框

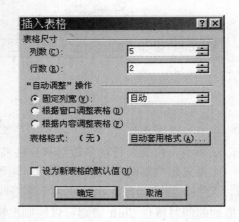

图 3-43　"插入表格"对话框

图 3-44　"表格和边框"工具栏

（3）将文本转换成表格　Word 可以把文档中的文本数据直接转换成表格，但是要转换的文本中数据与数据之间必须有分隔符，如空格、逗号、制表符等。将文本转换成表格的操作方法是：首先在要转换成表格的文本中插入一些分隔符，以表明在哪里分行或分列，然后选中要进行转换的文本，再选择"表格"菜单中"转换"子菜单下的"文字转换成表格"命令，打开"将文字转换成表格"对话框，如图 3-45 所示。在对话框中选择所需选项，单击"确定"按钮即可。

2．向表格里输入文本

表格生成后，就可以往表格内输入有关文本了。如果插入点并未位于表格中要输入文本的单元格内，则可以单击该单元格内的任意位置，此后就可以进行输入了，表格的单元格会自动容纳所输入的文本。在单元格内按 Enter 键会开始一个新的段落。可以把每个单元格看成是一个独立的小文档，对它进行各种编辑和编排操作，在其中插入图片等。但有一点需要注意的是，如果在单元格中使用制表位

图 3-45　"将文字转换为表格"对话框

来进行文本的对齐，那么要从一个制表位移到下一个制表位则需按【Ctrl+Tab】键，而不能只按 Tab 键，因为在表格中按 Tab 键是将插入点从当前所在的单元格顺序移到下一个单元格。这里所说的顺序移动是指从左到右移动，若到达一行的最后一个单元格，则将

移到下一行的第一个单元格。

3．表格的选定

在表格的编辑操作中，表格的选定非常重要。表格单元被选定以后，会呈反白显示。表 3-4 列出了表格选择操作的主要方法。

4．表格结构的改变

Word 提供了强大的表格修改功能。不管是空表格，还是填满了数据的表格，都可以方便地对其布局进行调整。

（1）改变表格的列宽　将鼠标指针移到需改变宽度的列的右（或左）边框上，待鼠标指针变成两个左右相对的箭头形状 ◄|► 后，按住鼠标左键左右拖动，在鼠标指针位置会出现一条跨过整个屏幕的竖虚线随着鼠标指针一起移动，当移到满意的位置时松开鼠标左键即可。此外，如果在拖动的同时按住 Alt 键，则在水平标尺上会显示列宽数值；如果在拖动的同时按住 Shift 键，则还可以同时改变表格的宽度。

表格的选择范围及操作方法　　　　　　　　　　　表 3-4

选 择 范 围	操 作 方 法
一个单元格	将鼠标指针移到单元格内左边框线附近，待鼠标指针变为指向右上方的实心箭头形状 ➚ 时，单击鼠标左键。或者，将鼠标指针移到要选定的单元格内，三击该单元格即可选中该单元格
多个单元格	将鼠标指针移到要选定的多个单元格中的第一个单元格内，按住鼠标左键并拖动至最后一个单元格内。或者，将插入点移到第一个单元格内，按住 Shift 键不放，在最后一个单元格内单击鼠标，即可选定多个单元格
一行单元格	在文本选择区中单击该行。或者，将鼠标指针移到该行中某单元格内左边框线附近，待鼠标指针变为指向右上方的实心箭头形状 ➚ 时，双击鼠标左键
多行单元格	在文本选择区中单击第一行并拖动到最后一行
一列单元格	将鼠标指针移到该列顶端边框线附近，待鼠标指针变为指向下方的实心箭头形状 ↓ 时，单击鼠标左键。或者，按住 Alt 键，在该列中某个单元格内单击鼠标左键
多列单元格	将鼠标指针移到第一列顶端边框线附近，待鼠标指针变为指向下方的实心箭头形状 ↓ 时，按住鼠标左键并拖动至最后一列
整个表格	将鼠标指针移到表格内，此时表格的左上角会出现用于选定整个表格的标记 ⊞ ，单击该标记即可。或者，按住 Alt 键，在表格中某个单元格内双击鼠标左键

（2）改变表格的行高　在页面视图（单击水平滚动条左侧的"页面视图"按钮 ▣ 可快速切换为页面视图）中，将鼠标指针移到需改变高度的行的下边框，待鼠标指针变成两个上下相对的箭头形状 ￪￬ 后，按住鼠标左键上下拖动，在鼠标指针位置会出现一条跨过整个屏幕的横虚线随着鼠标指针一起移动，当移到满意的位置时松开鼠标左键即可。此外，如果在拖动的同时按住 Alt 键，则在垂直标尺上会显示行高数值。

（3）改变单元格的宽度　首先选中要改变宽度的单元格，然后将鼠标指针移到该单元格的右（或左）边框上，待鼠标指针变成两个左右相对的箭头形状 ◂▮▸ 后，按住鼠标左键左右拖动，在鼠标指针位置会出现一条跨过整个屏幕的竖虚线随着鼠标指针一起移动，当移到满意的位置时松开鼠标左键即可。此外，如果在拖动的同时按住 Alt 键，则在水平标尺上会显示宽度数值；如果在拖动的同时按住 Shift 键，则还可以同时改变表格的宽度。

（4）插入行或列　首先选定将在其上面插入新行的行，或选定将在其左边插入新列的列，选定的行数或列数应与要插入的行数或列数相同。然后单击"常用"工具栏中的"插入行"按钮 ⬛ 或"插入列"按钮 ⬛（插入按钮会随着所选定的是行或列而改变）。

（5）插入单元格　首先选定将在其上面（或左边）插入新单元格的单元格，选定的单元格数应与要插入的单元格数相同。然后单击"常用"工具栏中的"插入单元格"按钮 ⬛，将打开"插入单元格"对话框，如图 3-46 所示。在对话框中选择所需的选项，最后单击"确定"按钮。

图 3-46　"插入单元格"对话框

（6）删除单元格、行、列、或整个表格　首先选定要删除的单元格、行、列或整个表格，然后选择"表格"菜单中"删除"子菜单下的相应命令。如果选择删除单元格，则会打开"删除单元格"对话框，如图 3-47 所示。在对话框中选择删除方式，最后单击"确定"按钮。

（7）拆分单元格　首先选定要进行拆分的单元格，然后单击"表格和边框"工具栏（如图 3-44 所示）中的"拆分单元格"按钮 ⬛ 或选择"表格"菜单中的"拆分单元格"命令，将打开"拆分单元格"对话框，如图 3-48 所示。在对话框中填写有关选项，如拆分后的列数、行数等，最后单击"确定"按钮。

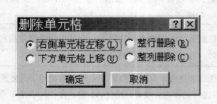

图 3-47　"删除单元格"对话框

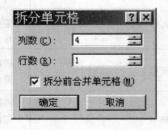

图 3-48　"拆分单元格"对话框

（8）合并单元格　首先选定需要进行合并的多个单元格，然后单击"表格和边框"工具栏（如图 3-44 所示）中的"合并单元格"按钮 ⬛ 或选择"表格"菜单中的"合并单元格"命令。

（9）拆分表格　首先将插入点移到要作为第二个表格首行的那一行中的某个单元格内，然后选择"表格"菜单中的"拆分表格"命令。

5．表格的编辑排版操作

（1）表格中文本的编辑和排版 可以使用文档中文本的编辑和排版方法对表格中每个单元格内的文本进行独立的编辑和排版，包括字体选择、段落设置等，也可以在单元格之间进行文本的复制、移动等操作。单元格之间的这些操作与一般正文文本的复制、移动基本一样，不同之处在于，如果选定的是单元格而不是单元格内的文本，则复制或移动的文本将会覆盖新位置上原有的文本和格式。另外，当选定表格的行、列或整个表格时，如果按下 Delete 键，则只是将行、列或整个表格中的内容删除，而保留了空白的行、列或者整个表格；若使用"常用"工具栏中的"剪切"按钮 ✂，则会将行、列或者整个表格连同表格内容和单元格全部删除掉，并复制到剪贴板中。

图 3-49 "单元格对齐方式"活动工具栏

此外，还可以使用"表格和边框"工具栏（如图 3-44 所示）中的"单元格对齐方式"按钮 ▤▾ 来设定单元格内的文本对齐方式。具体操作方法是：首先选中要设定的单元格，然后单击"单元格对齐方式"按钮右侧的下拉箭头 ▾，在按钮下方将出现一个活动工具栏，如图 3-49 所示。单击活动工具栏中的相应按钮即可设定所需要的文本对齐方式。

（2）表格格式的设置 首先将插入点移到表格中的某个单元格内，然后选择"表格"菜单中的"表格属性"命令，将打开"表格属性"对话框，如图 3-50 所示。在该对话框中，可以设定表格的尺寸、对齐方式和表格周围文本的环绕方式等。单击"边框和底纹"按钮将打开"边框和底纹"对话框，如图 3-51 所示。在该对话框中可以设定表格或单元格的边框和底纹。

此外，也可以先选定行、列或单元格，然后使用"表格和边框"工具栏（如图 3-44 所示）中的相应按钮来给它们设置边框和底纹。

（3）处理跨多页的表格

1）为跨页表格的每部分添加上标题 首先选定要作为标题的一行或多行文字，注意必须包括表格的首行在内，然后选择"表格"菜单中的"标题行重复"命令，即可给位于多页的表格各部分添加上标题。只有在页面视图方式下才能看见这些复制过来的表格标题。

2）防止跨页断行 默认情况下，Word允许表格跨页断行。要防止出现跨页断行，可先选定整个表格，然后选择"表格"菜单中的"表格属性"命令，在打开的"表格属性"对话框中单击"行"选项卡，在"行"选项卡（如图 3-52 所示）中清除"允许跨页断行"选项即可。

图 3-50 "表格属性"对话框

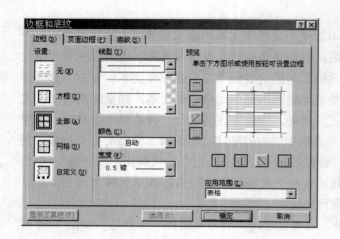

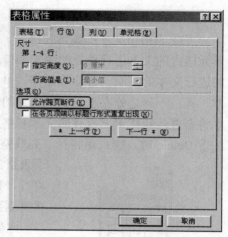

图 3-51 "边框和底纹"对话框 　　　　　　　图 3-52 "行"选项卡

第二节 电子表格软件 Microsoft Excel 2000

在施工项目管理中，经常需要对大量的数据进行计算、统计和分析，例如对混凝土质量的统计数据进行计算和分析等。Microsoft Excel 2000 是微软公司最近推出的电子表格软件，它不仅能够对施工项目管理中发生的大量数据进行快速的计算和处理，而且能够按照所需要的形式对这些数据进行组织，如分类、筛选、排序、统计等，并能生成多种直观形象的统计图表，给管理人员处理和使用数据带来了极大的方便。

Microsoft Excel 2000 与 Microsoft Word 2000 都是微软公司开发的办公套装软件，所以它们的用户界面和使用方法有很多相似之处，比如文件的新建、打开、保存和关闭等操作，再比如动态自适应的菜单栏和工具栏，等等。前面已经介绍过 Word 2000 的使用方法，为节省篇幅，Excel 2000 中类似的内容这里就不再详细介绍了。

一、Excel 2000 的窗口组成

Excel 2000 启动后，屏幕上出现 Excel 2000 的工作窗口，如图 3-53 所示。

在 Excel 2000 工作窗口中，由若干行和列组成的网格叫做工作表，它是 Excel 的主要工作区域。行和列分别有行号和列标，行号位于行的左侧，从上到下依次为"1，2，3，4……";列标位于列的上方，从左到有依次为"A、B、C、D……"。某行和某列的相交处就是单元格，相应的行号和列标构成单元格的地址，例如第三行第三列单元格的地址就表示为 C3。工作表中只有一个单

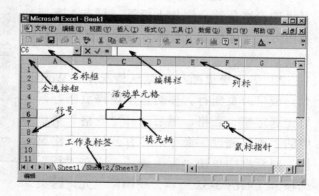

图 3-53 Excel 2000 的工作窗口

元格处于当前工作状态，它带有黑色粗框，称为活动单元格，单元格中可以输入文字、数值和公式，每个单元格最多可以容纳 32767 个字符。Excel 2000 的工作表可以非常大，最多可容纳 65536 行×256 列数据。

在工作表的上方一栏，左边为名称框，右边为编辑栏。当选定某单元格时，名称框中会出现相应的地址；若选定的是单元格区域，则名称框中显示的是该区域中左上角单元格的地址。如果所选定的单元格或区域已经被命名，则名称框内会出现该单元格或区域的名称。在名称框中键入名称，再按 Enter 键（即回车键）可快速命名所选定的单元格或区域。如果需要快速选定并移动到已命名的单元格或区域，可单击名称框中相应的名称。当输入公式时，名称框中会出现函数名称。

编辑栏用于显示活动单元格中的常数或公式，其中始终包括一个编辑公式按钮 ▣ 。当向单元格中输入、编辑数据时，编辑栏上还会出现确定输入的输入按钮 ✔ 、撤消输入的取消按钮 ✖ 。

另外，在工作表的左下方有一个工作表标签栏。每张工作表都有一个标签，上面标注着工作表名。单击工作表标签可以在不同的工作表之间进行切换，标签为白色的就成为活动工作表；双击某工作表标签，可以给该工作表命名。标签左侧的工作表标签滚动按钮用于工作表标签的管理，从左到右单击它们分别可以看到第一张工作表标签、上一张工作表标签、下一张工作表标签和最后一张工作表标签。用户可以在标签栏中对工作表进行插入、删除操作，还可以移动和复制工作表，给工作表重命名等。

Excel 2000 工作窗口中的其他部分，如标题栏、菜单栏、工具栏、滚动条、状态栏等，与 Word 2000 基本类似，限于篇幅，这里不再进行介绍。

二、工作表的建立

（一）工作簿的创建、打开、关闭和保存

与 Word 软件不同的是，Excel 软件把一个文档叫做一个工作簿（英文是 Book），它一般由多个工作表组成，最多可达 255 个。默认情况下，每个工作簿内有三个工作表（见图 3-53），分别命名为 Sheet1、Sheet2 和 Sheet3，显示在工作表窗口底部的工作表标签上。

Excel 工作簿的创建、打开、关闭和保存等操作与 Word 文档的对应操作相同，这里不再赘述。

（二）Excel 的窗口操作

Excel 允许同时打开多个工作簿，也允许在一个工作簿中打开多个窗口，这样就可以在屏幕上同时看到一个工作簿中的不同工作表，或者同时看到一个较大工作表的几个不同部分。若要在一个工作簿中同时打开多个窗口，首先应单击任务栏中的对应按钮激活该工作簿窗口，然后选择"窗口"菜单中的"新窗口"命令，屏幕上就会出现一个新的工作簿窗口，内容与原工作簿窗口完全一样，名称为"原工作簿名:序号"。序号由原有的窗口数决定，若原有一个窗口，则序号为 2，并且原工作簿窗口的名称也变成"原工作簿名:1"。工作簿的所有窗口都是相对独立的，可用于显示工作簿的不同部分，但它们的内容完全一致。对其中某个窗口内的内容进行修改，其他窗口内的内容也会相应地发生变化。

选择"窗口"菜单中的"重排窗口"命令，将弹出"重排窗口"对话框，如图 3-54 所示。利用该对话框，可以重新排列所有已打开的工作簿窗口（不包括处于最小化状态的工作簿窗口）。

除了利用新建窗口来查看工作表的不同部分外，还可以利用窗口拆分实现同样的功能。在选择"窗口"菜单中的"拆分窗口"命令后，工作表窗口被拆成了四个区域，如图3-55所示。每个区域都可以利用水平滚动条和垂直滚动条进行操作，拖拉分隔条还可以调整各区域的大小。当调整到合适的位置后，选择"窗口"菜单中的"冻结窗格"命令，这时分隔条消失，位于左上角的区域被锁定，只有下边和右边的区域可以滚动。要取消锁定，只需选择"窗口"菜单中的"撤消窗口冻结"命令即可。而要取消窗口拆分，只需选择"窗口"菜单中的"撤消拆分窗口"命令。

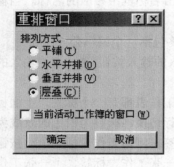

图 3-54　"重排窗口"对话框

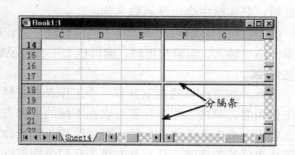

图 3-55　窗口拆分

（三）单元格的选定

在对单元格进行数据输入、编辑等操作之前，首先要选定一个单元格作为活动单元格。Excel 还允许选定单元格区域，此时，该单元格区域左上角的单元格为活动单元格。在 Excel 工作窗口左上角的名称框中将随时显示当前活动单元格的地址。

选定单元格可以分为以下几种情况：

（1）选定一个单元格：用鼠标单击需要选定的单元格即可选中该单元格。被选中的单元格将成为活动单元格，并用粗框表示。

在 Excel 中，也可以利用键盘来选定或移动活动单元格，其主要操作如表3-5所示。

用键盘选定或移动活动单元格　　　　　　　　　　表 3-5

按　　键	完　成　的　操　作
↑、↓、←、→	上、下、左、右移动活动单元格
Home	移到当前行的第一个单元格
Ctrl＋↑	移到当前列的第一个单元格
Ctrl＋↓	移到当前列的最后一个单元格
Ctrl＋←	移到当前行的第一个单元格
Ctrl＋→	移到当前行的最后一个单元格
Ctrl＋Home	移到 A1 单元格
PgUp	上移一屏
PgDn	下移一屏

（2）选定单元格区域：将鼠标指针移到区域左上角的单元格内，然后按住鼠标左键拖

动到区域右下角的单元格，此时，被选中的区域呈黑色，左上角的活动单元格呈白色。

（3）选定整行或整列单元格：用鼠标单击行号或列标，即可选中该行或该列中所有的单元格。

（4）选定多个不连续的单元格区域：首先按（2）中的方法选定第一个单元格区域，然后按住 Ctrl 键，再选定第二个及以后的单元格区域。在这种情况下，最后选定的单元格或单元格区域中左上角的单元格为活动单元格。

（5）选定整个工作表：只要单击 Excel 工作表左上角的全选按钮（如图 3-53 所示）就可以选中整个工作表。

（6）快速定位：由于 Excel 2000 的工作表很大（有 256 列、65536 行），利用键盘或鼠标定位到表中的某单元格或单元格区域可能不太方便，此时可以在工作窗口左上角的名称框中直接输入需要选定的单元格地址或区域（例如 B4:E9），再按下 Enter 键，系统就立即定位指定的单元格或区域上。

选定单元格区域后，如果需要取消选定，则单击表中任何位置即可。

（四）输入数据的基本方法

要向单元格中输入数据，首先需用鼠标单击要输入数据的单元格，使它成为活动单元格，这时就可以进行数据输入了。输入的内容可以是文本，也可以是数值和公式。公式用于计算，它的输入将在后面介绍。所输入的数据会同时显示在编辑栏中，输入完毕后单击编辑栏上的输入按钮✔或按下 Enter 键（即回车键），即可确认所输入的内容。如果要取消所输入的内容，单击编辑栏上的取消按钮✖或按下 Esc 键即可。需要注意的是，直接输入数据会覆盖单元格中原有的内容。如果只想对单元格中原来的内容进行修改，那么就需要在编辑栏的输入框中单击，将插入点移到合适的位置处，再进行修改。此外，双击某单元格，也可以对该单元格中原有的内容进行修改。

另外，通过先选定一个单元格区域，再输入数据，然后按【Ctrl+Enter】组合键，可以在区域内的所有单元格中输入同一数据。

1．文本型数据的输入

文本型数据包括字符串、汉字以及作为字符串处理的数字（如电话号码、身份证号码、邮政编码等）。文本型数据在单元格中默认为左对齐。

输入文本型数据时最多可以输入 255 个字符（122 个汉字），当文本型数据的字符长度超过单元格的显示宽度时，如果右边相邻的单元格中还没有数据，则系统允许超出的数据临时占用相邻的单元格进行显示。如果右边相邻的单元格中已有数据，则超出的数据将无法显示，这时可以通过调整单元格的宽度或改变单元格中数据的对齐方式来解决。

当数字作为字符串输入时，需要在数字前面加上西文单引号（′），也可以采用="数字"的形式来输入数字字符串。例如，文本型数据 110 可以使用′110 表示，也可以使用="110"的形式表示。

2．数字型数据的输入

数字型数据包括整数、小数和分数。也可以用科学计数法来表示数字型数据，例如，123.45，12.345E01，1.2345E02，1234.5E-01，它们代表同一个数。

在输入数字型数据时，需要注意以下几点：

（1）在输入分数时，要求在数字前加一个 0（零）与空格，以避免与日期型数据相混淆。例如，分数"1/8"应输入成"0 1/8"。

（2）在数字前面输入的正号将不显示；输入负数需在数字前加减号（或用圆括号将数字括起来）；输入的数字后以百分号（％）结尾的，系统按百分数处理。

（3）数字中单个的"."，系统认作小数点，输入数字若以"."开头，单元格显示时在"."前自动补"0"。

（4）在数字中可以包含千分位符号","（即逗号）、美元符号"$"与人民币符号"￥"。例如，2,000.00，$2,000.00，￥2,000.00 都是允许的。

（5）数字型数据在单元格中默认为右对齐。如果输入数据的宽度超过单元格的宽度，则会显示若干个"#"号，此时需要调整单元格的宽度才能显示数据中的所有数字。

（6）在单元格中看到的是显示值，它受单元格的列宽和单元格的格式影响；而在编辑框中显示的是单元格内容的实际值，即 Excel 实际真正存储的数值。同一个单元格的实际值和显示值可能相同，也可能不同。系统根据单元格的实际值进行计算。

3．日期型和时间型数据的输入

Excel 将日期和时间都当作数字来处理。工作表中的时间或日期的显示方式取决于其所在单元格中的数字格式。在键入了 Excel 可以识别的日期或时间数据后，单元格格式会自动从"常规"格式改为某种内置的日期或时间格式。默认状态下，日期和时间型数据在单元格中右对齐。如果 Excel 不能识别所输入的日期或时间格式，则输入的内容将被视作文本，并在单元格中左对齐。

日期型和时间型数据的输入规则如下：

（1）日期型数据中的年、月、日之间要用"/"或"-"作为分隔符号。例如，"2001年9月20日"应输入为"01/9/20"或"01-9-20"。

（2）在同一个单元格中既有日期型又有时间型数据时，日期与时间之间要用空格分开。例如，01-9-20 10:36:58。

（3）对于时间型数据，系统自动以 24 小时制表示。如果要以 12 小时制表示，则需要在输入的时间后加一个空格和 am（表示上午）或 pm（表示下午）。

（4）如果要在单元格中输入系统的当前日期，只需同时按下 Ctrl 键和分号（；）键。

（5）如果要在单元格中输入系统的当前时间，只需同时按下 Ctrl、Shift 和冒号（：）这三个键。

（6）如果在单元格中第一次输入的是日期或时间，那么该单元格的格式就自动转化为日期或时间格式。当再次输入数字时，Excel 会自动将数字转化为日期或时间格式。

（五）数据的自动填充

当我们往表格中输入数据的时候，往往会遇到输入一系列连续数据的情况，比如输入连续的编号、年度序号、月份序列、星期序列、日期序列、时间序列、连续的文字序列等等。如果采用手工输入，既麻烦又容易出错，而利用 Excel 所提供的自动填充功能来完成这些输入工作，就可以做到又快又省事。

1．利用填充柄实现单元格的复制

填充柄是位于活动单元格右下角的一个黑色小方块，如图 3-53 所示。当鼠标移到填充柄上时，鼠标指针会变成黑色实心的十字形状✚。使用填充柄，可以完成许多数据的自动填充。

要利用填充柄进行单元格的复制，首先需单击要进行复制的单元格，然后将鼠标指针置于填充柄上，待鼠标指针变成黑色实心的十字形状**+**后，按住鼠标左键并拖动到所需位置，所扫过的单元格被选中，释放鼠标后被复制的单元格中的数据以相同的形式填充到所有这些单元格中。

此外，也可以使用"编辑"菜单中"填充"子菜单下的有关命令来完成上述操作。在利用菜单进行操作时，需先选中要填充的区域。需要注意的是，在 Excel 中，总是以填充区的某一边所对应的一行或一列作为被复制的单元格区域，所以被填充的内容只能是某一行或某一列的内容，并且被复制的行或列必须是在指定填充方向的起点上。例如，如果是向下填充，被复制的单元格区域要位于填充区的最上边一行；如果是向右填充，被复制的单元格区域要位于填充区的最左边一列。如果需要复制的对象位于填充区的中间或结尾处，Excel 会把位于填充区起点的单元格中的内容作为被复制的对象复制到整个填充区，而将要复制的内容覆盖掉。即使位于填充区起点的单元格中没有任何数据，Excel 也会复制空白单元格。

2．利用填充柄进行预设序列的填充

首先在起始单元格中输入序列的初始值。如果要让序列按给定的步长增长，则还需在下一单元格中输入序列的第二个数值。头两个单元格中数值的差额将决定该序列的增长步长。然后选定包含初始值的单元格，再用鼠标向右（左）或向下（上）拖动填充柄，则 Excel 会在扫过的单元格中自动填充这一序列。如果是向右或向下拖动鼠标，则序列填充建立的是递增的序列；如果是向左或向上拖动鼠标，则自动填充建立的是递减的序列。当序列填充完毕后，用鼠标继续拖动填充柄还可以重新填充此序列。

另外，用户也可以定义自己所需的序列，具体操作方法是：单击"工具"菜单中的"选项"命令，打开"选项"对话框，选择"自定义序列"选项卡，如图 3-56 所示。再单击"自定义序列"框中的"新序列"项，在"输入序列"

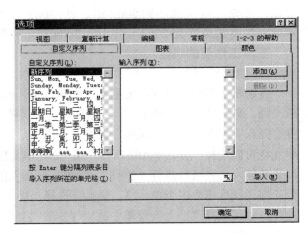

图 3-56 "自定义序列"选项卡

框中输入要建立的序列，并用 Enter 键将序列中的各项分开，最后单击"确定"按钮即可。

如果不想使用自动填充序列的功能，可使用鼠标拖动填充柄，在释放鼠标之前，按下 Ctrl 键，则会实现单元格的复制。

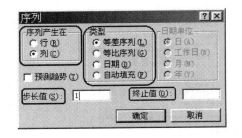

图 3-57 "序列"对话框

3．建立等差/等比序列

在"编辑"菜单中"填充"子菜单下还有一个"序列"命令，可用于建立等差/等比序列。具体操作方法是，先在起始单元格中输入序列的起始值，然后单击"编辑"菜单中"填充"子菜单下的"序列"命令，打开"序列"对话框，如图 3-57 所示。在该对话框中，需要设定序列的产生位置、序列的类型、步长值和终止值。如果在选择"序列"命令之前已经选中要放置序列的区域，则可不设置终止值。最后单击"确认"按钮，即可完成填充操作。

4．使用鼠标右键进行填充

在利用填充柄进行填充时还可以使用鼠标右键来操作。与使用鼠标左键操作不同的是，松开鼠标右键后会出现一个快捷菜单，如图3-58所示。此时可以选择以下命令，指定填充序列的类型：

（1）复制单元格：在填充区填充被复制单元格的全部信息。

（2）以序列方式填充：与使用鼠标左键拖动填充柄一样。

（3）以格式填充：在填充区只填充被复制单元格的格式。

（4）以值填充：在填充区只填充被复制单元格的内容。

（5）等差序列、等比序列：以起始单元格为基准，建立等差和等比序列。

（6）序列：与"编辑"菜单中"填充"子菜单下的"序列"命令相同。

另外，如果起始单元格中的数据是日期/时间类型，这时快捷菜单中有关时间序列的命令会变为可用，用户可根据需要选择这些命令。例如，如果起始单元格中序列的初始值为2002年1月，选择"以月填充"，可生成序列2002年2月、2002年3月等等；选择"以年填充"将生成序列2003年1月、2004年1月等等。

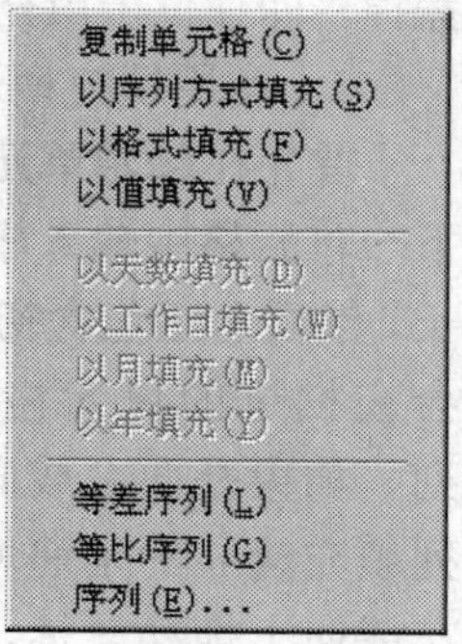

三、工作表的编辑

1．插入单元格

在编辑表格时，有时需要插入一个单元格，有时还需要插入一行或一列。它们操作方法基本类似：首先单击相关的某个单元格，使它变成活动单元格，然后选择"插入"菜单中的"单元格"命令，弹出"插入"对话框，如图3-59所示。如果需要插入单元格可以选择"活动单元格右移"或"活动单元格下移"，如果要插入一行可以选择"整行"，如果要插入一列可以选择"整列"。如果需要插入的不是一个单元格或一行或一列，那么就需要先拖动鼠标选中多个单元格，然后再选择"插入"菜单中的"单元格"命令进行操作即可。此外，也可选择"插入"菜单中的"行"或"列"命令来进行整行或整列的插入操作。

2．删除单元格

首先单击要删除的单元格，使它成为活动单元格，然后选择"编辑"菜单中的"删除"命令，弹出"删除"对话框，如图3-60所示。选择所需的选项，单击"确定"即可。如果需要删除多个单元格或多行或多列，则应先拖动鼠标选中多个单元格，然后再选择"编辑"菜单中的"删除"命令进行操作即可。

图3-58　填充快捷菜单

图3-59　"插入"对话框

图3-60　"删除"对话框

72

3．单元格的复制和移动

首先选中要移动或复制的单元格或单元格区域（以下称源单元格），然后将鼠标指针移到单元格或单元格区域的边框上，待鼠标指针变成左斜的箭头形状 ，按住鼠标右键并拖动到目的地，松开鼠标右键后会弹出一个快捷菜单，如图3-61所示。此时可以选择以下命令，指定操作类型：

（1）移动到此位置：将源单元格（包括内容和格式，下同）移动到目的地，目的地原有的单元格被替换。

（2）复制到此位置：将源单元格复制到目的地，目的地原有的单元格被替换。

（3）仅复制数值：仅将源单元格中的数值复制到目的地，目的地单元格的格式保留，但其中的内容被替换。

（4）仅复制格式：仅将源单元格的格式复制到目的地，目的地单元格中的内容仍被保留。

（5）下移目标单元格并复制源：将源单元格复制到目的地，目的地原有的单元格向下移动。

（6）右移目标单元格并复制源：将源单元格复制到目的地，目的地原有的单元格向右移动。

（7）下移目标单元格并移动源：将源单元格移动到目的地，目的地原有的单元格向下移动。

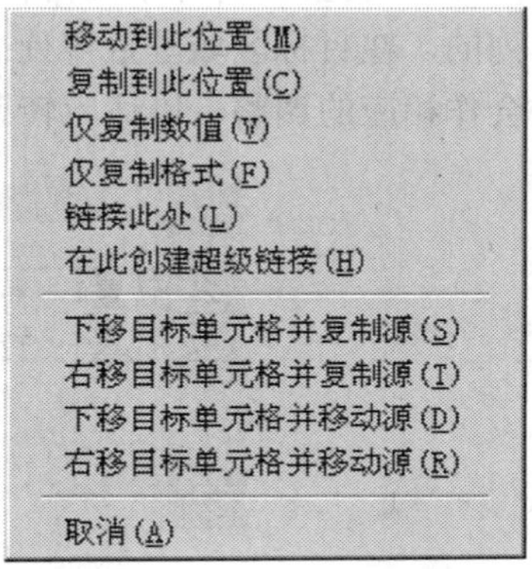

图3-61 单元格复制与移动
快捷菜单

（8）右移目标单元格并移动源：将源单元格移动到目的地，目的地原有的单元格向右移动。等等。

另外，如果只想将所选定的单元格或区域中的部分内容（比如公式）复制到目的地，那么就需要使用"编辑"菜单中的"选择性粘贴"命令。具体操作方法是：先选中要进行复制的单元格或区域（以下称源单元格），再单击"常用"工具栏中的"复制"按钮 ，这时所选区域会被闪烁的点线框住。然后选择目标区域的左上角单元格，再单击"编辑"菜单中的"选择性粘贴"命令，将打开"选择性粘贴"对话框，如图3-62所示。对话框中各选项栏的含义分别是：

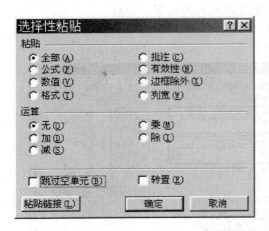

图3-62 "选择性粘贴"对话框

（1）粘贴选项栏：

全部：将源单元格的所有内容和格式全部复制到目标区域。

公式：仅复制源单元格的内容（含公式）。

数值：仅复制源单元格的内容（不复制公式，仅复制公式的计算结果）。

格式：仅复制源单元格的格式。

批注：仅复制源单元格中附加的批注。

有效数据：仅复制源单元格中所定义的数据有效性规则。

边框除外：除了边框，复制源单元格的所有内容和格式。

列宽：仅将源单元格的列宽复制到目标区域，使目标区域中的单元格与源单元格有同样的列宽。

（2）运算选项栏　各运算选项的作用是：将源单元格的内容与目标区域中的内容经本选项指定的方式运算后，放置在目标区域内。

（3）跳过空单元：不将空的单元格复制到目标区域。

（4）转置：将源单元格转置后复制到目标区域，如图 3-63 所示。即源单元格是水平排列的，在目标区域垂直排列；源单元格是垂直排列的，在目标区域水平排列。同时公式也会作相应的调整，以适应转置的变化。

	A	B	C	D	E	F	G
1					转置1	转置4	
2	转置1	转置2	转置3		转置2	转置5	
3	转置4	转置5	转置6		转置3	转置6	
4							
5							
6							
7							

图 3-63　转置后复制

4．单元格的合并

先选中要进行合并的单元格，然后单击"格式"菜单中的"单元格"命令，在弹出的"单元格格式"对话框中选择"对齐"选项卡，如图 3-64 所示。再选择"合并单元格"选项，若要水平居中显示则还需在"水平对齐"下拉列表框中选择"居中"项，最后单击"确定"按钮即可。此外，选中要进行合并的单元格后，直接单击"格式"工具栏中的"合并及居中"按钮 ⊞ 即可快速实现单元格的合并和单元格内容的水平居中显示。

5．单元格数据的清除

使用"编辑"菜单中的"清除"命令，可以清除单元格或单元格区域的内容、格式以及附注等等。清除前需先选中要清除的区域，然后单击"编辑"菜单，将鼠标指针指向"清除"项，出现子菜单后选取所需的命令，就可以了。这些命令的含义是：

全部：指清除所选区域的全部内容、格式和批注等。

格式：指清除所选区域的全部格式设置，而保留其内容和附注。清除格式后所选区域的格式变为常规格式。

内容：指清除所选区域的全部内容，包括数字、字符、公式等，而保留其格式和附注。

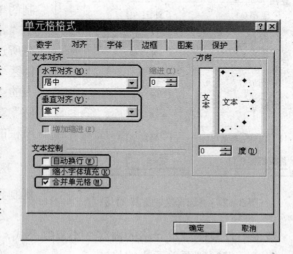

图 3-64　"对齐"选项卡

批注：指清除所选区域的全部批注，而保留其格式和内容。

此外，按下 Delete 键也可以快速清除所选区域中的全部内容。

6. 改变行高和列宽

默认状态下，工作表中的每一个单元格宽度和高度都一样。但在实际应用中，往往由于数据长短不一样，字体大小不一样，需要经常调整表格的行高和列宽。

（1）改变行高　用鼠标指向某个行号的下边线，待鼠标指针变成带上下箭头的黑色十字形状╪后，按住鼠标左键进行上下拖动，即可快速调整该行的行高。此外，用鼠标双击某个行号的下边线，可以给该行设置最合适的行高。当然，也可以选择"格式"菜单中"行"子菜单下的有关命令来进行操作。

（2）改变列宽　用鼠标指向某个列标的右边线，待鼠标指针变成带左右箭头的黑色十字形状╫后，按住鼠标左键进行左右拖动，即可快速调整该列的列宽。此外，用鼠标双击某个列标的右边线，可以给该列设置最合适的列宽。当然，也可以选择"格式"菜单中"列"子菜单下的有关命令来进行操作。

（3）同时设定多行的高或多列的宽　首先用鼠标单击其中的第一个行号或列标并拖动，选中要改变行高或列宽的若干行或列，然后将鼠标指针指向选定区域中任意一个行号的下边线或列标的右边线，待鼠标指针变成带箭头的黑色十字形状后，按住鼠标左键进行拖动，合适后松开鼠标左键，选定区域的行高或列宽同时改变。

7. 单元格数据格式化

在 Excel 中，利用"格式"菜单中的"单元格"命令，可以对工作表中的单元格数据进行格式化操作，从而使工作表中的数据更加整齐、美观。

选择"格式"菜单中的"单元格"命令后，将弹出"单元格格式"对话框。在此对话框中，共有 6 个标签，其中的 5 个分别用于设置所选定的单元格数据的显示格式、对齐方式、字体、边框线和图案。

（1）设定数据的显示格式　在 Excel 内部共设置了 11 种数据格式，分别是常规、数值、货币、会计专用、日期、时间、百分比、分数、科学计数、文本和特殊。如果需要，用户还可以自己定义数据格式。

在"单元格格式"对话框中选择"数字"选项卡后，在对话框中将出现"分类"列表框，如图 3-65 所示。首先在"分类"列表框中选择数据的类别，此时在对话框的右边将列出该类数据的各种显示格式，然后在其中选择具体的显示格式，最后单击"确定"按钮。

（2）设定数据的对齐方式　在"单元格格式"对话框中选择"对齐"选项卡后，对话框如图 3-64 所示，此时就可以设定所选单元格或单元格区域中数据的对齐方式。例如，在"水平对齐"下拉列表框中可以选择水平对齐的方式，在"垂直对齐"下拉列表框中可以选择垂直对齐的方式，也可以选择"自动换行"选项来进行折行显示，等等。图 3-66 说明了各种对齐方式的含义。此外，也可以通过单击"格式"工具栏中的左对齐按钮▤、居中按钮▤和右对齐按钮▤来快速实现水平方向上的左对齐、居中对齐和右对齐。

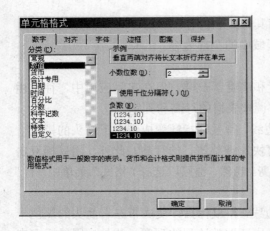

图 3-65　"数字"选项卡

常规	靠左（缩进）	水平居中	靠右
		跨列居中	
靠上			
	垂直居中		
		靠下	
			垂直两端对齐
			将长文本折行
自动换行可以将长文本折行显示在一个单元格中	水平两端对齐将长文本折行并在左右两端撑满对齐	水平分散对齐将长文本折行并分散对齐	并在单元格上下撑满对齐

图 3-66　对齐方式及含义

（3）设定数据的字体格式　在"单元格格式"对话框中选择"字体"选项卡后，对话框如图 3-67 所示，此时可以分别在字体、字形、字号、下划线、颜色等列表框中选择所需的选项，最后单击"确定"按钮。此外，也可以单击"格式"工具栏中相应的工具按钮来快速进行字体格式的设置。有关的操作方法与 Word 2000 中的字体格式设置基本一样，这里就不再详细介绍了。

（4）设定边框线　当新建一个工作表时，其中所有单元格的边框线都呈现灰色，这种灰色的边框线在打印时是不存在的。为了在纸上打印出有关的表格线，就需要对单元格的边框线进行设定。另外，为了使表格更醒目、更美观，也需要设定单元格的边框线。

在"单元格格式"对话框中选择"边框"选项卡后，对话框如图 3-68 所示，此时可以在"边框"栏中选择边框线的种类，然后在"线条"栏中选择样式和颜色，边框线的设置效果可以在边框栏中看到，满意后单击"确定"按钮。

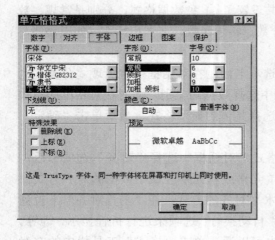

图 3-67　"字体"选项卡

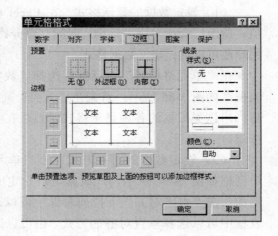

图 3-68　"边框"选项卡

此外，也可以单击"格式"工具栏中的"边框"按钮 来给所选定的单元格或区域快速设置边框线。如果要应用其他的边框样式，则需单击右侧的下拉箭头按钮 ，将会

76

打开一个带有 12 种边框样式的浮动工具栏（如图 3-69 所示），单击所需的边框样式按钮即可。

（5）图案与颜色　Excel 提供了多种图案和颜色，合理地搭配图案和颜色，可使表格的背景更加鲜明。利用"单元格格式"对话框中的"图案"选项卡，可以给选定的单元格或区域设置所需的底纹颜色和图案。此外，也可以使用"格式"工具栏中的"填充颜色"按钮  来快速设置被选单元格或区域的底纹颜色。

8．自动套用格式

除了使用前面所讲的"单元格格式"对话框来设置表格的格式外，还可以直接套用 Excel 中预置的表格格式，快速地进行表格格式的设置。具体操作方法是：首先选定需要格式化的单元格区域，然后选择"格式"菜单中的"自动套用格式"命令，打开"自动套用格式"对话框，如图 3-70 所示。对话框中列出了 Excel 定义的各种可供选用的格式类型。如果只想套用其中的某一部分格式，则可以通过单击"选项"按钮显示"应用格式种类"选项栏，从中选择所需的选项。各方面感到满意后，单击"确定"按钮即可。

图 3-69　"边框样式"浮动工具栏

9．条件格式

有时为了突出显示满足某一条件的结果，常常需要把这一结果所在的单元格的格式设置成与其他单元格不同，这时可以利用 Excel 所提供的"条件格式"功能来满足需要。

首先选定要突出显示的单元格，然后单击"格式"菜单中的"条件格式"命令，打开"条件格式"对话框，如图 3-71 所示。如果要将所选定的单元格中的数值作为格式条件，则在左边下拉列表框中选择"单元格数值"选项，接着选取比较词组（如介于、大于、小于等），然后在相应的框中键入数值。所输入的数值可以是常数，也可以是公式。如果输入公式，则必须以等号（＝）开始。如果要将公式作为格式条件使用（以便计算所选定的单元格以外的数据或条件），则在左边下拉列表框中选择"公式"选项，然后在右边的框中输入公式。公式的计算结果必须是逻辑值（即真或假）。单击"格式"按钮打开"单元格格式"对话框，从中选择

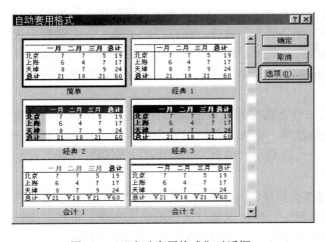

图 3-70　"自动套用格式"对话框

要应用的字体样式、字体颜色、边框、底纹等。只有所选定的单元格中的值满足条件或是公式返回的逻辑值为真时，Excel 才应用选定的格式。如果需要加入更多的条件，只需单击"添加"按钮，然后重复前面的步骤就可以了。在 Excel 中，最多可以指定三个条件。如果所指定的条件中没有一个为真，则单元格将保持已有的格式。也就是说，可以使用已有的格式来标识第四个条件。如果有多个条件都为真，则 Excel 只会应用第一个条件为真的格式。

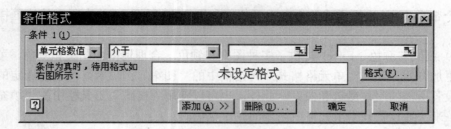

图 3-71　"条件格式"对话框

10．对整个工作表的编辑

用鼠标单击某工作表标签，就可以选中该工作表，使它成为活动工作表。只有活动工作表才能在屏幕上显示。用户可以根据需要在活动工作表前添加新的工作表，并且还可以对工作表进行更名、删除、移动和复制等操作。

（1）工作表的更名　用鼠标双击要更名的工作表标签，该工作表标签将变成反白形式，如图 3-72 所示。这时就可以输入新的工作表名了，注意不要与其他工作表重名。

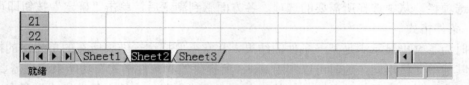

图 3-72　工作表标签

（2）插入工作表　如果要在某个工作表前插入一个新工作表，只需在该工作表的标签上单击鼠标右键，从弹出的快捷菜单中选择"插入"命令，在打开的"插入"对话框中选择"常规"选项卡下的"工作表"选项即可。此外，通过在该工作表的标签上单击鼠标左键，使它成为活动工作表，然后选择"插入"菜单中的"工作表"命令，也可以在该工作表前插入一个新工作表。

（3）删除工作表　首先在要删除的工作表的标签上单击鼠标右键，然后从弹出的快捷菜单中选择"删除"命令，这时系统为防止用户误操作会给出一个提示框，若确实要删除此工作表，单击"确定"即可。此外，也可以利用"编辑"菜单中的"删除工作表"命令来删除活动工作表。

（4）移动和复制工作表　工作表的移动和复制可以在同一个工作簿中进行，也可以在不同工作簿之间进行。如果在同一个工作簿中，则可以通过鼠标拖动来实现。将鼠标指针指向要移动或复制的工作表的标签，待鼠标指针变成左斜箭头时就可以进行拖动了。若要移动一个工作表，只需用鼠标把该工作表拖动到相应的位置上即可。若要复制一个工作表，只需在拖动鼠标的同时按住 Shift 键，这样就可以在所需的位置上生成一个原工作表的副本，以"原工作表名（序号）"命名，这里的序号是由第几次复制决定的，如是第一次复制则序号为 2，依次类推。

如果不在同一个工作簿中，则可以在要移动或复制的工作表的标签上单击鼠标右键，从弹出的快捷菜单中选择"移动或复制工作表"，将打开"移动或复制工作表"对话框，如图 3-73 所示。在"工作簿"下拉列表框中选择目标工作簿名称，并在"下列选定工作表之前"列表框中指定工作表的放置位置。若要进行工作表的复制，则还需选中"建立副本"选项；否则进行的是工作表的移动操作。最后单击"确定"按钮即可。

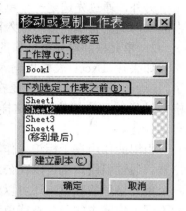

图 3-73 "移动或复制工作表"对话框

四、公式与函数

Excel 软件具有强大的计算和统计功能，在制作表格时，用户只需输入原始数据，复杂的计算工作可以交给 Excel 来完成。Excel 软件的计算功能是通过公式和函数来实现的。

Excel 表格与人工表格的最大区别是它在计算中引进了单元格和公式，而且可以在计算过程中自动更新表格中的相关数据项。例如，在 A1 单元格中输入一个数值，在 B1 单元格中输入另一个数值，在 C1 单元格中求 A1 单元格与 B1 单元格中的数值之和，当 A1 单元格或 B1 单元格中的数据发生变化时，C1 单元格中的数值会自动随之改变。

利用电子表格软件的这一特性，就可以方便地进行"如果……那么……"的分析，这在预测和决策中十分有用。比如，某种建筑材料的价格上涨 5%，那么材料费支出将增加多少；价格若上涨 10%，材料费支出又将增加多少？采取什么样的投标报价策略能够获得最大的预期利润？这些预测、决策问题都可以用 Excel 软件来加以解决。因此，Excel 软件特别适合工程管理和财务管理。

（一）输入公式

1．输入公式的基本步骤

首先单击要输入公式的单元格，然后输入公式的标志符号"＝"（等号）或单击编辑栏中的"编辑公式"按钮 ■ （在 Excel 中公式必须以"＝"开头），接着依次输入组成公式的数值及运算符，最后按回车键或单击编辑栏中的"输入"按钮 ✔ 确认输入完成。此时活动单元格中立即显示出计算结果。

在 Excel 公式中，数值包括：①由 0～9 十个阿拉伯数字组成的可以进行运算的数值；②包含某个数值的单元格或单元格区域地址；③工作表函数。运算符又分为算术运算符、比较运算符、字符串（包括汉字）连接运算符与引用运算符四类，如表 3-6 所示。

Excel 运 算 符   表 3-6

运算符种类	运 算 符 符 号			
算术运算符	＋（加）　　－（减）　　*（乘）　　/（除）　　%　　^（幂）			
比较运算符	=（等于）　　>（大于）　　>=（大于等于）　　<（小于） <=（小于等于）　　<>（不等于）			
连接运算符	&（合并）			
引用运算符	:（单元格区域）　　,（单元格区域的交）　　空格（单元格区域的并）			

输入公式还有一种简单的方法，即要输入单元格或单元格区域的地址时，可以用鼠标选中相应的单元格或单元格区域，则单元格或单元格区域的地址就会自动出现在公式中。这样利用鼠标进行单元格或单元格区域地址的输入，可以避免在输入地址时出现错误。

另外，通过先选定一个单元格区域，再输入公式，然后按【Ctrl+Enter】组合键，可以在区域内的所有单元格中输入同一公式。

2．单元格和单元格区域的引用

如果往 Excel 表格里输入的计算公式都是由具体的数字组成的，那就没有多大意义了。Excel 表格的最大特点是在公式中引用了单元格地址。即在公式中用包含数值的单元格地址代替具体的数值。这样，公式的计算结果会随着被引用单元格里的数值的变化而自动变化。

引用的作用在于标识工作表上的单元格或单元格区域，并指明公式中所使用的数据的位置。通过引用，就可以在公式中使用工作表不同部分的数据，或者在多个公式中使用同一个单元格里的数值。还可以引用同一工作簿中不同工作表里的单元格或单元格区域，或者不同工作簿中的单元格或单元格区域，甚至其他应用程序中的数据。引用不同工作簿中的单元格或单元格区域称为外部引用，引用其他程序中的数据称为远程引用。

需要说明的是，如果要引用同一工作簿中不同工作表中的单元格，则需在单元格地址或名称前加上"工作表名称!"。如果要引用的是不同工作簿中的单元格时，则应在单元格地址或名称前加上"[工作簿名称]工作表名称!"。

3．绝对引用和相对引用

引用单元格的方式一般分为绝对引用和相对引用两种。其中，绝对引用是指不论存放公式的单元格（以下简称公式单元格）处于什么位置，公式中所引用的单元格都在工作表中的确定位置上。单元格的绝对引用表示为A1、C6、G10，等等。相对引用是指像 C6 这样的引用。根据所要完成的工作，既可以使用相对引用，也可以使用绝对引用。前者引用的是相对于公式单元格位于某一位置处的单元格；后者引用的是特定位置处的单元格。

在创建公式时，对于单元格或单元格区域的引用通常是相对于公式单元格的相对位置。比如，单元格 D6 中包含公式"＝C5"，Excel 将在距单元格 D6 左边一个单元格和上边一个单元格位置处的单元格中查找数值，即此时对单元格 C5 的引用是相对引用。

在引用存放某个公用常数（如利率、圆周率）的单元格时，为避免由于公式单元格的位置变动而造成引用错误，对常数单元格的引用一般应采用绝对引用。

（二）复制公式

在 Excel 中，经常会遇到许多结构相同的公式，它们只是由于所选的单元格不同，而导致形式上存在着某些差异。这时可以利用 Excel 的公式复制功能，来加快公式的输入速度。要进行公式的复制操作，首先应选中带有公式的单元格，然后单击"复制"按钮，选择好要粘贴的区域后，单击"粘贴"按钮进行粘贴即可。

在进行公式复制时，将自动调整被粘贴公式中的相对引用，以便引用与当前公式单元格位置相对应的其他单元格，而公式中的绝对引用保持不变。例如，单元格 C5 中包含公式"＝B3*D12"，在将单元格 C5 中的公式复制到单元格 F6 中时，单元格 F6 中的公式会改为"E4*D12"。

（三）函数的使用

Excel 把人们常用的比较复杂的计算公式变成函数存在程序里，需要时可以随时调用，非常方便。所谓调用函数实际上就是把函数用到公式中。函数可以对单个或多个值进行操作，并返回单个或多个值。所有的函数都是由函数名和紧随其后的一组参数所组成的，参数用圆括号括起。函数名说明函数执行的运算，参数指定函数运算所使用的数值和单元格。函数的参数也可以是表达式。参数的类型包括数值、字符和逻辑值。

在函数中也可以引用单元格或单元格区域，在引用时要注意如果要引用的是一个矩形的单元格区域，则应当用冒号（:）将该区域的左上角单元格地址和右下角单元格地址连接起来表示。例如，"B3:F7"。如果要引用的区域不是一个矩形区域，则应把每部分的单元格地址写清楚，它们之间用逗号（,）隔开。例如，"A1:B3，A5:C6，D9"。如果要引用两个区域的公共部分，就需要用空格来连接这两个区域了。例如，"A1:B3 B2:C3"

求和函数是用户经常需要使用的函数，为方便用户操作，Excel还专门提供了一个"自动求和"工具按钮 Σ 。该工具按钮的使用方法是：先单击要放置计算结果的单元格，然后单击"自动求和"按钮 Σ 。这时系统默认的区域被闪烁的点线框住，同时编辑栏中出现公式"=SUM（被框区域的地址）"。如果此区域不是要进行求和计算的区域，就需要在编辑栏中重新输入括号内的区域地址，或者直接用鼠标选中要进行求和计算的单元格区域，最后按下回车键或单击编辑栏中的"确认"按钮 ✓ 确认输入完成。

对于一般函数的输入，先单击需要输入公式的单元格，然后输入等号"="或单击编辑栏中的"编辑公式"按钮 = ，这时原来的名称框变成了函数框，如图 3-74 所示。函数框中显示了最近一次用到的工作表函数。单击"函数"下拉列表框右端的箭头，可以查看其他可用的工作表函数。如果其中有所要的函数，直接单击该函数；如果没有发现所需函数，可单击列表底部的"其他函数"项，屏幕上将显示"粘贴函数"对话框（如图 3-75 所示），其中包含所有可用的工作表函数。在左边的"函数分类"列表框中选择函数的类别，此时右边的"函数名"列表框中就列出该类函数的所有函数名，从中选择所需的函数名，单击"确定"按钮。选择好函数以后，屏幕上将显示该函数的输入对话框。以求平均值函数AVERAGE为例，该函数的输入对话框如图 3-76 所示。函数的输入对话框用来引导函数参数的输入。对话框的下半部分是函数的简短说明，以及函数参数的意义和输入时的注意事项。对话框的上半部分是被选函数的函数名和函数参数的编辑框。打开函数输入对话框后，光标亮条自动停在第一个参数编辑框中，通常说明这个参数编辑框是必须进行输入的。在参数不多的情况下，用户可以将所有的参数都输入到这个参数编辑框中，用逗号隔开即可。也可以根据需要在其他参数编辑框中输入更多的参数。这里同样可以利用鼠标输入要进行计算的单元格区域的地址。单击参数编辑框右边的对话框折叠按钮 🔲 可以将函数输入对话框折叠起来，以便用鼠标选取要进行计算的单元格或单元格区域。折叠后的对话框一般位于编辑栏的下方，如图 3-77 所示，其中显示所选中的单元格区域的地址。选择完成后，单击对话框右边的展开按钮 🔲 则返回到函数的输入对话框。所有参数输入完毕后，单击"确定"按钮关闭函数输入对话框。

函数框

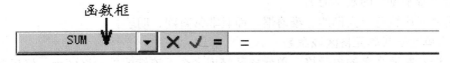

图 3-74　函数框

此外，也可以使用"插入"菜单中的"函数"命令或"常用"工具栏上的"粘贴函数"

按钮 ，来进行函数的输入。具体方法与使用函数框输入函数相类似，这里不再赘述。

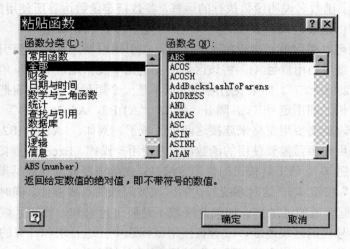

图 3-75　"粘贴函数"对话框

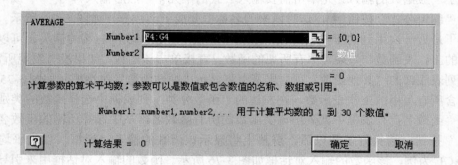

图 3-76　函数 AVERAGE 的输入对话框

H7:J10,L9:L13

图 3-77　折叠后的函数输入对话框

（四）命名

在 Excel 中，命名主要是为了在公式中应用这些名称。公式中的描述性名称使人们更容易理解公式的含义。例如，公式 "=SUM（四季度的产值）" 要比公式 "=SUM（D2:D4）" 更容易理解。狭义的命名就是给某个单元格或单元格区域定义一个名称；而广义的命名还包括给某些常量或公式定义名称，即使这些公式和常量并不出现在工作表的任何位置上。即可以给"看不见"的数据命名。

使用命名比较符合人们的思维习惯，而且非常直观、明了。

1．为单元格或单元格区域命名

首先选定需要命名的单元格、单元格区域或多个不连续的单元格区域，然后单击编辑栏左端的名称框，在名称框中键入名称，再按下 Enter 键，命名就完成了。当再选中已命名的单元格或单元格区域时，名称框中将显示名称而不是单元格地址。

82

需要注意的是，名称的第一个字符必须是字母或下划线。名称中的字符可以是字母、数字、句号和下划线，Excel 不区分大小写字母。名称最多可以包含 255 个字符，但当名称超过 253 个字符时，将无法从名称框中进行选择。名称可使用多个单词，单词之间可以用下划线或句号作单词分隔符，但其中不能有空格。另外，名称也不能与单元格的引用相同，例如 D$10。

2．定义代表公式或常量的名称

在"插入"菜单中，用鼠标指针指向"名称"项，再单击"定义"命令，将打开"定义名称"对话框，如图 3-78 所示。在"在当前工作簿中的名称"编辑框中输入公式或常量的名称，接着在"引用位置"编辑框中键入"="（等号）和公式内容或常量数值。

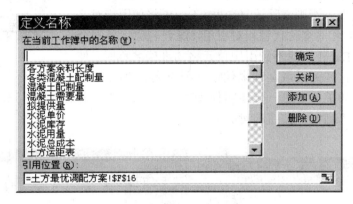

图 3-78　"定义名称"对话框

3．使用行列标志作单元格区域的名称

给单元格区域命名还有一种简便的方法——使用行列标志。使用行列标志给单元格区域命名不仅操作简单，而且可读性强。

首先选定要命名的单元格区域，包括要使用的行列标志在内，如图 3-79 所示。然后在"插入"菜单中，用鼠标指针指向"名称"项，再单击"指定"命令，将打开"指定名称"对话框，如图 3-82 所示。根据需要选择适当的选项，最后单击"确定"按钮即可。

	A	B	C	D	E
1	三季度主要材料用量统计（单位：吨）				
2	材料名称	八月	九月	十月	合计
3	水泥	344	567	888	1799
4	钢筋	254	488	768	1510
5					
6					

图 3-79　选中包含行列标志在内的单元格区域

4．在公式中输入名称

可以像输入一般的文本那样，直接在公式中输入名称。为避免输入错误，也可以用粘贴的方法输入名称。具体操作方法是：在"插入"菜单中，用鼠标指针指向"名称"项，再单击"粘贴"命令，将打开"粘贴名称"对话框，如图3-81所示。对话框中列出了所有已定义的名称，从中选择所需的名称，单击"确定"按钮即可。

5．将公式中的单元格引用改为名称

首先选定包含要用名称替换引用的公式所在的单元格区域。如果要将工作表中所有公式的引用都修改为名称，则单击任意一个单元格。然后在"插入"菜单中，用鼠标指针指向"名称"项，再单击"应用"命令，将打开"应用名称"对话框，如图3-82所示。在"应用名称"框中，选择一个或多个名称。如果要在使用名称代替单元格引用时，忽略名称或单元格的引用类型，则选中"忽略相对/绝对引用"复选框；否则清除该复选框，Excel将使用绝对名称代替绝对引用，相对名称代替相对引用，混合名称代替混合引用。如果要让Excel在找不到引用单元格的准确名称时，使用引用单元格的行和列区域名称来代替，则应选中"应用行/列名"复选框；如果需要进一步指明行/列名的应用方式，则需单击"选项"按钮。各项均满意后，单击"确定"按钮即可。

图3-80 "指定名称"对话框

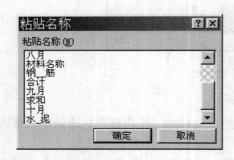

图3-81 "粘贴名称"对话框

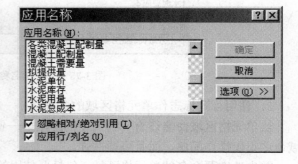

图3-82 "应用名称"对话框

五、图表处理

如果将工作表中的数据以图表的形式加以显示，则可以形象直观地反映出各数据之间的关系。Excel提供了多种图表类型，有大家熟悉的柱形图、条形图、饼图等，也有大家不熟悉的气泡图、雷达图等。图表中的各项都可以根据需要进行调整，以满足用户的不同要求。在Excel中，图表是以数据系列为基础绘制的，生成的图表既可以直接嵌入到当前工作表中，也可以作为一张独立的新图表。

（一）创建图表

单击"常用"工具栏中的图表向导按钮，将打开图表向导对话框，如图3-83所示。此外，选择"插入"菜单中的"图表"命令也可以打开该对话框。利用该向导对话框可以对要生成的图表逐步进行设置。

1．选择图表类型

图表类型有多种，每种又有很多的子类型可供选择。选好图表类型后单击"下一步"按钮，进入下一步骤，图表向导对话框将如图3-84所示。

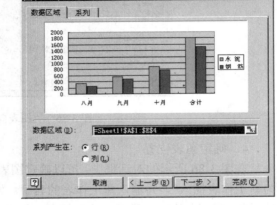

图 3-83 "图表向导"对话框之一   图 3-84 "图表向导"对话框之二

2．确定图表源数据

在图 3-84 所示的对话框中，单击"数据区域"选项卡，确定数据来源；单击"系列"选项卡，确定系列参数。最后单击"下一步"按钮，进入下一步骤，图表向导对话框将如图 3-85 所示。

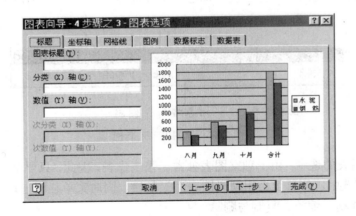

图 3-85 "图表向导"对话框之三

3．确定图表选项

在图 3-85 所示的对话框中，可以进行各种图表选项的设置：通过"标题"选项卡，可以输入图表标题，还可以输入 X 轴和 Y 轴的标题；通过"坐标轴"选项卡，可以设置主坐标轴；通过"网格线"选项卡，可以设定是否显示 X 轴和 Y 轴上的主次网格线；通过"图例"选项卡，可以设定是否显示图例和图例的显示位置；通过"数据标志"选项卡，可以设定是否在图表中显示数值大小或数据的标志；通过"数据表"选项卡，可以设定是否将数据表格附在图表后面。完成所需的设定后，单击"下一步"按钮，进入下一步骤，图表向导对话框将如图 3-86 所示。

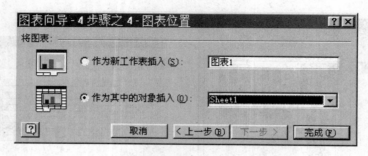

图 3-86　"图表向导"对话框之四

4．确定图表位置

在图 3-86 所示的对话框中，可以确定图表放在什么位置。如果是独立图表，则选择"作为新工作表插入"，并输入新工作表的名字；如果图表嵌入在工作表中，则选择"作为其中的对象插入"，并指定所嵌入的工作表。单击"完成"按钮，图表创建结束。

（二）图表编辑

1．图表的选中

（1）嵌入式图表的选中：单击图表中的空白区，则在图表的边框处出现 8 个小黑方块，这表明该图表已被选中。此时，屏幕上会出现图 3-87 所示的"图表"工具栏，同时菜单栏中出现"图表"菜单，如图 3-88 所示。利用该工具栏和菜单栏中的"图表"菜单和"格式"菜单，可以对图表中的所有对象（例如标题、坐标轴等）进行编辑操作和格式设置。

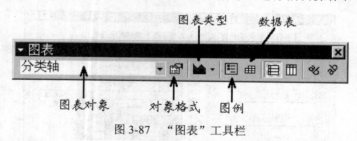

图 3-87　"图表"工具栏

（2）独立图表的选中：由于独立图表独占一张工作表，因此，只要单击该工作表标签，此独立图表即被选中，屏幕上会出现"图表"工具栏，同时菜单栏中出现"图表"菜单。

2．图表的移动、缩放、复制与删除

（1）嵌入式图表的移动、缩放、复制与删除：将鼠标指针指向图表中的空白区，按住鼠标左键进行拖动，即可移动该图表。在选中状态下，拖动边框上的小黑方块可以缩放该图表；利用常用工具栏中的"复制"与"粘贴"按钮可以实现图表的复制；按下 Delete 键可以从工作表中删除该图表。

（2）独立图表的复制与删除：由于独立图表独占一张工作表，因此，复制与删除与工作表的复制与删除操作相同。

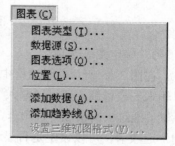

图 3-88　"图表"菜单

3．改变图表类型、图表的数据源、图表选项和图表的位置利用“图表”菜单（如图3-88所示）中的相应命令，可以改变图表类型、图表的数据源、图表选项和图表的位置，具体操作方法与创建图表相类似，这里不再详细介绍了。

4．对图表对象进行编辑

（1）图表对象的选中：图表对象包括图表区、绘图区、图表标题、数值轴、分类轴、数值轴标题、分类轴标题、网格线、图例、图例项、图例项标识、数据系列等。单击某图表对象即可选中该对象。此外，在“图表”工具栏（如图3-87所示）左端的“图表对象”下拉列表框中单击相应的名称，也可选中所需的图表对象。

（2）图表对象的删除：在选中图表对象后，按下Delete键即可删除该图表对象。

（3）绘图区、图表标题、图例、数值轴标题或分类轴标题的移动与缩放

拖动绘图区、图表标题、图例、数值轴标题或分类轴标题，可以改变它们在图表区内的位置；在选中绘图区或图例的情况下，拖动边框上的小黑方块可以改变它们的大小。

（4）图表对象格式的设置

先选中要进行格式设置的图表对象，然后单击“图表”工具栏（如图3-87所示）中的对象格式按钮，在打开的对话框中就可以进行字体、图案等格式的设置了。此外，双击要进行格式设置的图表对象，也可以打开用于格式设置的对话框。

六、数据库管理与数据分析

Excel软件不仅是一个优秀的表格处理软件，同时还具有一定的数据库管理功能，它可以对大量的数据进行快速的排序、筛选、分类汇总以及查询统计等操作。

数据库是以一定的组织方式存储在一起的相互关联的数据集合。最常见的数据库是关系型数据库，它把复杂的数据结构归结为简单的二维表格的形式，而这一点恰好和Excel软件的特征相吻合。因此，Excel软件提供了数据库管理的基本功能。既可以建立、查询和修改记录，也可以对记录表进行统计、排序、筛选、删除、分类汇总等操作。

1．数据库的编辑

数据库是由记录和字段组成的，每一行表示一条记录，每一列代表一个字段。例如，一本通讯录就是一个数据库，其中，每个人的信息是一条记录，而姓名、工作单位、电话号码、邮政编码、通信地址等都是字段名。

如果把工作表当成一个数据库，则工作表中的每一列代表一个字段，每一列中第一个单元格的列标题就是字段名，例如图3-89所示的工作表中，材料名称、规格、产地、进场日期、数量、单位等都是字段名；工作表中的每一行代表一条记录，其中存放着相关的一组数据，例如图3-89所示的工作表中，共有10条记录，其中第3行为第一条记录。

	A	B	C	D	E	F
1			材料进场台帐			
2	名称	规格	产地	进场日期	数量	单位
3	水泥	普425	山西	2001-9-1	155	吨
4	水泥	矿325	北京	2001-9-1	123	吨
5	水泥	矿325	山西	2001-9-20	200	吨
6	钢筋	圆6.5	北京	2001-9-24	130	吨
7	钢筋	圆8	北京	2001-9-25	145	吨
8	水泥	矿325	河北	2001-10-3	210	吨
9	钢筋	螺纹12	山西	2001-10-5	245	吨
10	水泥	普325	河北	2001-10-16	135	吨
11	水泥	矿325	北京	2001-10-18	240	吨
12	钢筋	螺纹12	北京	2001-10-23	236	吨

图3-89　材料进场台账

在Excel中，对数据的插入、删除和修改都是以记录为单位进行的。只要选中工作表中的任何一个包含数据的单元格，然后选择“数据”菜单中的“记录单”命令，屏幕上就会显示一个记录单对话框，如图3-90所示。在该对话框最左边的一列中依次显示了工作

表数据库中的各字段名。开始的时候，各字段名后面的方框内显示第一个记录中的相应数据，但如果某字段对应的单元格中输入的是公式，则该字段后只有数据（即公式的计算结果）而没有方框。对话框最右边的一列是 Excel 提供的各种命令按钮，单击其中之一就可以实现对记录的相应操作。在对话框中显示的记录称为当前记录，对话框的右上角显示了当前记录号以及总的记录数（图中为 1/10）。单击"上一条"或"下一条"按钮，可以在对话框中显示当前记录的前一个记录或后一个记录。

（1）修改记录　利用对话框中的"上一条"
或"下一条"按钮（也可以利用滚动条）寻找需要
进行修改的记录，找到后单击需要修改的输入框，
使其进入编辑状态，然后进行修改。修改完后按回
车键。如果在修改过程中发现修改错了，还可以用
"还原"按钮来取消修改。

（2）插入记录　单击对话框中的"新建"按
钮，对话框中将显示一个空记录，此时可以在各字
段输入框中输入数据。一个记录的数据全部输完
后，单击"关闭"按钮，该记录就被存放在表格的
最后。

图 3-90　记录单对话框

（3）删除记录　首先应使需要删除的记录显
示在对话框中，然后单击"删除"按钮，该记录就
被删除，后面的记录将依次上移。特别要注意的是，删除的记录无法再恢复。

（4）根据条件查找记录　单击对话框中的"条件"按钮，将显示一个空白记录，然后
在相应的输入框中输入条件。条件表达式的运算符有：>，<，=，<>，>=，<=。所有条件
都输入后，单击"上一条"或"下一条"按钮，则只显示符合条件的记录。特别要注意的
是，条件一旦设置后，不会自动取消。如果需要取消所设置的条件，应再单击"条件"按
钮，然后单击"清除"按钮。

2．数据排序

在 Excel 中，对工作表中的数据进行排序有两种方法，分别介绍如下：

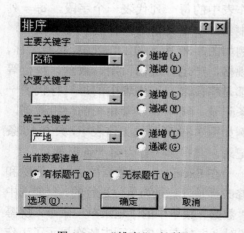

图 3-91　"排序"对话框

（1）利用菜单进行排序　首先单击工作表中
任何一个包含数据的单元格，然后选择"数据"菜
单中的"排序"命令，打开"排序"对话框，如图
3-91 所示。通过该对话框，最多可以进行三层排序。
根据需要分别在"主要关键字"、"次要关键字"、
"第三关键字"的下拉列表框中选取相应的字段
名，再对每一个关键字选取"递增"或"递减"选
项。注意，"主要关键字"必须选取相应的字段名。
在"当前数据清单"栏中，如果选中"有标题行"，
将使字段名不参加排序；如果选择"无标题行"，
则字段名也参加排序，这会使数据杂乱无章。另外，
在"排序"对话框中，还有一个"选项"按钮。单

88

击该按钮，将打开"排序选项"对话框，如图3-92所示。在该对话框的"自定义排序次序"下拉列表框中可以选择自定义的排序文字序列，同时还可以选择是否区分大小写、按列排序还是按行排序以及按字母排序还是按笔画排序，最后单击"确定"按钮返回"排序"对话框，再单击"确定"按钮就开始排序。

（2）利用工具栏中的工具按钮进行排序　首先单击工作表中作为排序关键字的字段名，然后单击"常用"工具栏中的"升序"按钮 $\frac{A}{Z}\downarrow$ 或"降序"按钮 $\frac{Z}{A}\downarrow$，则整个工作表中的数据将按指定的关键字依次重新进行排列。

3．数据筛选

所谓筛选，是指从数据表中找出满足某些条件的记录，例如从材料进场台账中找出数量大于200吨的水泥记录。在数据量非常大的情况下，手工筛选数据是一件很麻烦的事，而如果使用 Excel 软件提供的筛选功能来筛选数据却变成一件非常容易的事情了。

数据的筛选操作可以使 Excel 窗口中只显示满足筛选条件的值或行。Excel 提供了"自动筛选"和"高级筛选"两种筛选方法。一般情况下，"自动筛选"即可满足用户的筛选操作需要。下面就来介绍"自动筛选"的操作方法。

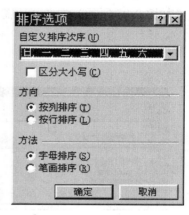

图3-92　"排序选项"对话框

首先单击需要进行自动筛选的数据表中的任何一个单元格，然后将鼠标指针指向"数据"菜单中的"筛选"项，从打开的子菜单中选择"自动筛选"命令。这时，在每个列标题的右侧都出现了一个下拉按钮 ▼。单击需要进行筛选的列标题右侧的下拉按钮，打开下拉列表，如图3-93所示。从下拉列表中选择需要显示的项，数据中将显示满足条件的筛选结果（数据表中的其他数据被隐藏）。如果只想显示满足某一条件的数据，则可以选择下拉列表中的"（自定义…）"项，在打开的"自定义自动筛选方式"对话框（如图3-94所示）中输入所需的筛选条件，最后单击"确定"按钮即可。这里可以对同一列数据设置两个条件，如果要对同一列数据应用更多的条件，则需使用 Excel 的"高级筛选"方法了。如果要取消对某一列数据应用的筛选条件，只需单击该列标题右侧的下拉按钮 ▼，从打开的下拉列表中选择"（全部）"即可。

	A	B	C	D	E	F
1			材料进场台帐			
2	名称▼	规格▼	产地▼	进场日期▼	数量▼	单位▼
3	水泥	普425	（全部）	2001-9-1	155	吨
4	水泥	矿325	（前 10 个…）	2001-9-1	123	吨
5	水泥	矿325	（自定义…）	2001-9-20	200	吨
6	钢筋	圆6.5	北京	2001-9-24	130	吨
7	钢筋	圆8	河北	2001-9-25	145	吨
8	水泥	矿325	山西	2001-10-3	210	吨
9	钢筋	螺纹12	山西	2001-10-5	245	吨
10	水泥	普325	河北	2001-10-16	135	吨
11	水泥	矿325	北京	2001-10-18	240	吨
12	钢筋	螺纹12	北京	2001-10-23	236	吨

图3-93　处于自动筛选状态的工作表

如果要取消自动筛选，只需再次单击"数据"菜单中"筛选"子菜单下的"自动筛选"命令，取消"自动筛选"命令前面的对勾 ☑ 即可。此时数据表中的全部数据都会显示出来。

4．数据的分类汇总

分类汇总是将经过排序以后具有一定规律的数据进行汇总，生成各种类型的汇总报表。

在进行分类汇总前，首先要对数据清单按照汇总类型进行排序，使同一类型的记录集中到一起。然后选择"数据"菜单中的"分类汇总"命令，在打开的"分类汇总"对话框（如图 3-95 所示）中选择所需的选项，最后单击"确定"按钮即可。

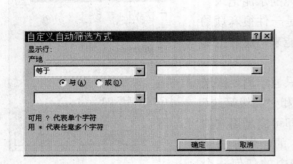

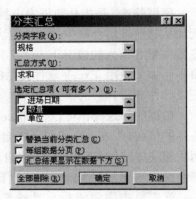

图 3-94　"自定义自动筛选方式"对话框　　　图 3-95　"分类汇总"对话框

例如，对图 3-89 所示的材料进场台账，要分别统计各种水泥和钢筋的总数量，则应先按名称和规格对该表格进行排序。排序完成后，选择"数据"菜单中的"分类汇总"命令，打开"分类汇总"对话框，在"分类字段"、"汇总方式"下拉列表框中分别选择"规格"和"求和"选项，在"选定汇总项"列表框中选择"数量"，最后单击"确定"按钮。即可得到分类汇总结果，如图 3-96所示。

七、工作表与图表的打印

1．打印预览

要打印的工作表或图表一般应先预览一下。所谓预览，就是在显示器上预先模拟显示一下实际的打印效果。

图 3-96　材料进场台账的分类汇总结果

打印预览的效果与实际打印的效果是相同的，即人们常说的所见及所得。如果预览效果满意了再打印到纸上，这样可以少走弯路，免得打出一堆废纸。

单击"常用"工具栏中的"打印预览"按钮 ，即可打开打印预览窗口，进行打印效果的预览。预览结束后，单击"关闭"按钮，就可以关闭打印预览窗口，返回到工作表编辑状态。

2．页面设置

选择"文件"菜单中的"页面设置"命令，将打开"页面设置"对话框，如图 3-97 所示。该对话框包括四个选项卡，下面分别予以介绍。

在"页面"选项卡中，可以设置打印的方向、缩放的比例、纸张大小、打印质量、起始页码。通过指定缩放比例，可以将更多的内容打印在打印纸上或者将表格放大打印，而不必改变表格的行高、列宽和字体大小。另外，也可以指定在水平和垂直方向上要打印的页数，而由 Excel 自行确定缩放的比例。

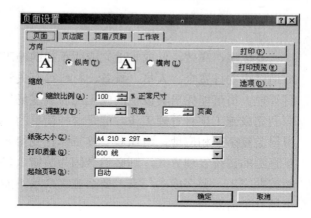

在"页边距"选项卡中可以设置上、下、左、右的页边距以及页眉/页脚的位置，还可以设定将表格居中打印。

在"页眉/页脚"选项卡中可以定义页眉和页脚。既可以从"页眉"和"页脚"下拉列表框中选取合适的选项，也可以单击"自定义页眉"、"自定义页脚"按钮进行定义。

图 3-97 "页眉设置"对话框

在"工作表"选项卡中可以指定所打印的表格区域、标题、打印方式、打印顺序等。通过在"打印区域"输入框中输入要打印的区域，就可以只打印指定的表格区域，而不是整个工作表。另外，通过设置打印标题，可以避免表头只打印在第一张表的第一行或第一列上。设置好打印标题后，就可以在每一张表的表头位置上打印出所设置的标题。

此外，单击"页面设置"对话框中的"打印预览"按钮，可以打开打印预览窗口，进行打印效果的预览；单击"打印"按钮，可以打开"打印"对话框（如图 3-98 所示），进行打印机属性、打印范围、打印份数等的设置。

3．打印输出

图 3-98 "打印"对话框

在对打印预览效果满意后，就可以进行打印输出了。选择"文件"菜单中的"打印"命令，将打开"打印"对话框，如图 3-98 所示。完成所需的各项设置后，单击"确定"按钮就可以进行打印了。此外，单击"常用"工具栏上的打印按钮🖶可直接进行打印，而不会显示"打印"对话框。

第四章 项目管理软件及其应用

要优质、高效、低成本地完成所承担的施工项目，对施工项目管理人员而言，必须合理地组织安排资金、人员、设备、材料等有关资源。对于一个小规模的简单工程项目，项目管理人员可能凭借其以往的施工经验及现场应变能力，甚至无需拟定正式的计划，就能顺利完成施工项目管理工作。但是这样简单的工程项目能有几个呢？实际上，工程项目变得日益复杂，相应地，组织和安排工作也变得异常复杂。如果项目管理人员仍然采用依赖于直觉的传统管理方式，则必然会因为头绪太多而顾此失彼、手忙脚乱，最终导致要么不能按期完工，要么成本超支，要么施工质量不能满足要求，这些都是不能满足日益激烈的市场竞争需要的。

实践证明，要顺利地完成一个复杂的工程项目，项目管理人员需要在项目开工前对项目的施工进行统筹安排，精心制定施工计划，并且在计划的执行过程中加强计划的控制工作，注重交流和反馈，并及时根据项目实施的实际情况对计划进行动态调整，调整后再行贯彻落实，如此反复才能达到预期的目标——在预算范围内按期保质地完成项目。而要真正做到这一点，项目管理人员就需要应用有关项目管理软件、借助于计算机来完成。那么，什么是项目管理软件呢？简单地说，就是基于计算机的项目管理系统。它是现代化管理方法和现代计算机技术相结合的产物，其基本作用就是制定计划并对计划进行跟踪、调整以保证项目目标的实现。

使用项目管理软件进行计算机辅助施工项目管理，不仅可以通过快速的多方案比选制定出经济合理的施工计划，而且能够迅速有效地对施工过程中产生的大量信息进行系统的贮存和处理，并及时反映在计划的调整上，同时计算机还可以自动生成直观形象的报表、Web 网页和电子邮件等有关材料，使得项目的参加者（包括项目管理人员、各专业人员等）之间的交流和沟通更加方便和有效，也就是说所有的相关人员都能获得他（她）所需要的信息，避免由于信息的延误而造成的工程损失，这样项目的实施将会始终处于有效的控制之下。

第一节 计算机辅助施工项目管理基础

项目管理是指为完成一个或多个预定的目标，而对工作和资源进行计划、组织和管理的过程，通常需要满足时间、资源或成本方面的限制。成功的项目管理一般需要包括下述四个部分的内容，其中项目计划处于中心地位。利用项目管理软件进行计算机辅助施工项目管理也要遵循这样规律和要求。

一、定义项目的目标

如果没有目标也就无所谓达到目标，所以首先应设置项目的目标。目标应具有可度量性（不能用"较好"、"较快"等比较含糊的词，如对质量则用"优良品率"、工期用"天数"等明确加以表示），它定义了项目的明确结果，并包含项目的有关前提（如流动资金的供应情况、拆迁进度、场地交付使用的时间等）和限制（如地方建设主管部门的有关规定、季节性的限制等）。这些前提和限制在很大程度上决定了项目能否顺利实施和项目目标能否实现，必须予以足够的重视。

为保证项目目标的正确性与可贯彻性，必须广泛征求对项目有影响的每个项目管理人员的意见，以取得共识，避免在项目实施过程中产生矛盾和扯皮现象。

显然，定义项目的目标将有助于提高项目管理人员的计划分析能力。因为项目管理软件需要他们明确陈述实现项目目标所需要的各种条件和限制，所以项目管理人员一开始就必须仔细考虑项目的各个细节，这样他们的计划分析能力自然也就得到了提高。就这一点而言，通过在施工项目管理中使用项目管理软件，将会使项目管理软件中所包含的先进管理思想和方法逐渐渗入到项目管理人员的头脑里和日常管理工作中，从而在不知不觉中提高了他们的管理水平，这也可以说是使用项目管理软件进行计算机辅助施工项目管理的另一个好处吧。

二、制定项目计划

在确定项目的目标之后，就需寻求实现目标的最佳途径。要做到这一点，首先应收集有关的项目信息，如结构形式、施工方案、施工过程和施工段的划分、劳动力的组织等，经过一定的合并和处理，借助于项目管理软件，就能够创建一个可以进行跟踪、调整的计划。

1．什么是计划

概言之，计划是项目的一个模型，其中列出了完成项目所需进行的各项工作，它主要用来模拟项目的实施过程，并可以用来预测项目将来的情况。

2．计划的内容

在项目计划中，项目的日程安排差不多是最重要的部分，它包含每项工作的开始日期、完成日期、持续时间以及整个项目的工期和完成日期。另外，项目计划可能还会包含成本的有关信息以及项目资源使用状况的有关信息。

3．创建计划的基本步骤

创建一个项目计划至少应包括以下三个基本步骤：

（1）WHAT?（确定为达到项目目标而必须完成的工作）

（2）WHEN?（给出工作的先后顺序，或它们之间的相互关系，或一个时间限制——即在一个特定时间必须开始或完成）

（3）HOW?（指定人员，确定所需材料、设备和完成工作的费用）

需要说明的是，上述三步不是完全独立的，而是相互影响的。

4．计划的作用

概括说来，计划具有下述作用：

（1）便于同上级企业的其他部门进行交流，使他们了解项目部的工作安排。

（2）获得项目部成员的支持。

（3）获得项目的承包权（中标）或向上级企业证明进行项目管理的必要性。

（4）让业主了解一项建筑产品的整个施工过程。程序化、科学化的组织安排会使业主确信，承包企业不仅具有承担工程的技术能力，而且具有丰富的管理经验。

（5）向上级企业提供需要额外施工人员、设备、材料等的依据，并能对这些资源的使用进行调整和管理。

（6）有助于按期完成施工项目和将项目成本控制在预算范围内。

（7）确定项目施工中所需的现金流量，避免陷入资金短缺的窘境。

（8）对项目的实施进行记录，并同原始计划进行比较。这样一方面可以了解原始计划是否合理，另一方面在项目执行过程中就可以发现偏差以及偏差对项目目标实现的影响，从而及时对原计划进行调整，保证项目目标的实现。另外，由于项目执行过程中的费用支出和工作进展情况都进行了保存，这样有助于增强项目参加人员的责任感，同时便于进行合同完成后的决算及工程竣工后的分析。

通过制定计划，就可以明确要干什么，什么时候干，由谁来干，以及要花多少钱来干等等。计划有助于每个参加人员明白谁需要做什么以及何时他们需要做它，同时它也有助于交流和沟通，每个相关人员都清楚自己要做的工作的期限，从而减少项目实施的不确定性。

有了制定好的项目计划，通过对项目的实施过程进行跟踪，并同原始计划进行比较，这样就可以发现偏差，找出问题所在，从而采取措施进行改进，以避免影响项目目标的实现。由此可见，通过制定计划，就有较大的机会来成功地完成工程项目。

三、实施项目计划及计划的跟踪与管理

1. 项目计划的实施

制定好的计划只有进行贯彻落实，才能发挥其指导施工的作用。具体来说，要从制度上、人员安排上保证计划的严肃性和权威性，不得随意违反计划进行施工。

2. 跟踪项目计划

一个项目计划，无论制定时考虑得多么周详，在投入实施后，由于未可预见因素（如异常天气，资金短缺等）的影响，都会遇到一些意料之外的问题。通过使用项目管理软件跟踪项目的进展情况，就可以了解到项目的最新状况，并在问题对项目产生影响之前，及时发现并解决这些问题。

3. 项目计划的更新与调整

通过定期调查（如每周一次、每月一次等）各工作的实际执行情况，并输入到项目管理软件中，就可以对项目计划进行更新。随着计划的更新，可能会暴露出某些问题，其中有些会影响到项目目标的实现。例如，如果某项关键工作推迟了完成日期，则项目管理软件的日程表上将显示整个项目也将因此而推迟完成日期。再如，发生成本超出预算、资源使用上发生冲突等，这时就需要调整计划以解决此类问题。

通过定期跟踪、更新与调整计划，计划就可以更好地起到指导施工的作用，从而使项目朝着既定的目标前进。

四、结束项目

本部分主要的任务是：①总结项目实施经验；②对项目管理的效果进行综合评价。另外，进行本部分的工作还为今后制定其他项目计划提供了依据和帮助。

第二节 项目管理软件的功能分析

最早期的项目管理软件仅能够在大型计算机运行，它们的应用也仅限于一些非常大的项目，使用不太方便，应用范围也非常有限。但随着微型计算机性能的不断提高，出现了许多微机版的项目管理软件。这些微机版的项目管理软件大多运行在 Microsoft Windows 操作系统上，继承了 Windows 系统易学易用的特性，项目管理人员无需太多的计算机知识就能熟练地掌握使用它们，同时微机和微机版的项目管理软件售价相对较低，这些都极大地拓宽了项目软件的应用范围。目前，不仅一般的工程项目使用微机版的项目管理软件，连三峡工程这样的大型水利项目也使用微机版的项目管理软件进行项目管理，均取得了良好的效果。

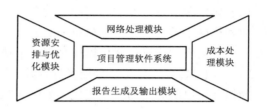

图 4-1 项目管理软件的主要模块

微机版的项目管理软件种类较多，功能及使用方法上也存在差异，但通常都包括四个主要模块或子系统（见图 4-1），下面分别予以介绍。

一、网络处理模块

网络处理模块是项目管理软件的主要组成部分，它应用网络计划技术这个基本的项目管理工具，提供下述功能：

（1）计算项目的总工期，标示出关键线路和关键工作。

（2）表达出各工作之间的逻辑关系。

（3）进行各工作的时间参数计算，如最早可以开始时间（ES）、最早可以完成时间（EF）、最迟必须开始时间（LS）、最迟必须完成时间（LF）、总时差（TF）、自由时差（FF）等。

（4）进度跟踪，更新网络。所提供的"前锋线"功能，可让项目管理人员一目了然地看出工作进展的落后或超前（图 4-2 中工作 A 落后，工作 B 超前，工作 C 按期完成）；通过"拉直前锋线"，则可以看出工作的超前/落后对后续工作和项目总工期的影响（图 4-2 中工作 B 的进度超前将会使得其后续工作 D 提前开始）。

（5）国内所编制的项目管理软件一般可同时处理单代号网络图（包括搭接网络图）和双代号网络图，有的还提供自动生成"流水网络"的功能。国外的项目管理软件一般不能处理双代号网络图，但这并不影响使用它们进行辅助施工项目管理的工作。

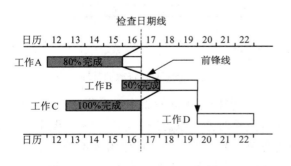

图 4-2 项目管理软件中的"前锋线"功能

大多数比较好的项目管理软件还具有以下功能：

（1）可处理用不同时间单位（如天、周、月）表示的工作持续时间并能够进行自动转换；

95

（2）利用概要工作的概念，使网络计划中的工作组织进一步条理化；

（3）具有子网络的功能，可形成不同详细程度的分级网络；

（4）可对每个工作添加辅助性说明和其他相关信息（如前提、限制等）；

（5）能够输入并处理 WBS（工作分解结构）编码；

（6）具有辅助功能，可帮助那些对计划工作并非内行的项目管理人员方便地创建初始网络计划；

（7）能够进一步细分有关工作，使之可间断进行（即任务可以被中断），等等。

二、资源安排与优化模块

资源安排与优化模块不仅可以分析进行各项工作所需要的资源及资源的利用率，也可以安排资源进行工作的时间和强度，从而使得资源的使用更加合理。这些资源可以是劳动力和机械设备，也可以是材料和资金。

一般资源安排与优化模块具有以下功能：

（1）每项工作可以分配多种资源，每种资源进行工作的时间可以相互独立，并且资源的投入可以随时间而发生变化（如图 4-3 所示）；

（2）允许资源进行加班工作；

（3）允许指定工作的优先级，这样当资源的使用发生冲突时（即对资源的需求超出了资源的供给），项目管理软件可根据各工作的优先次序对资源的使用进行优化安排。

资源的合理安排对工作的完成和项目目标的实现具有至关重要的意义。当资源在使用上发生冲突时，要么增加资源的供给（让资源加班也是一种方式），要么调整资源在有关工作上的投入，调整的原则是"向关键工作要时间，向非关键工作要资源"。具体来说，就是通过调整非关键工作上的资源投入，来确保关键工作上的资源需要，以保证关键工作的按期或提前完成，从而使得整个项目也能够做到按期或提前完成。

在资源的使用没有出现冲突的情况下，通过适当的资源优化（即在满足一定目标的前提下适当调整资源在有关工作上的投入），可以使资源的供应更加均衡，从而在一定程度上降低资源的使用成本。

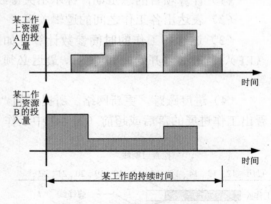

图 4-3 分配两种资源的某项工作

下面结合一个简单的例子（见图 4-4）来说明资源安排与优化的原理和方法。例子中，共有三项工作，每项工作的工作量、劳动力安排以及总时差（以虚线表示）均标在图上。如果每项工作均按其最早开始时间开工，则总的资源（劳动力）投入将如图 4-4 的下半部所示的那样。假如最多只有 5 个人可供使用（即资源的限量为 5 人），则工作 1 或工作 3 将需要重新进行安排，推迟开工时间。那么，一种可行的资源安排将如图 4-5 所示。至此，总的工期保持不变，仍为 30 天。但是，如果总的可用人员减少至 4 人，则总工期将会延长。图 4-6 给出了一种可行的资源安排方案，总工期为 35 天。这里，工作 2 上的资源（劳动力）投入随时间而发生变化。

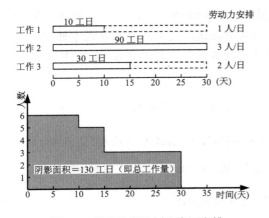

图 4-4　原始进度计划及资源安排

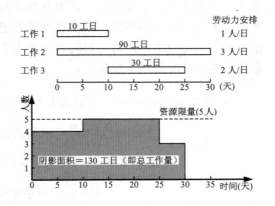

图 4-5　资源限量为 5 人时的进度计划及资源安排

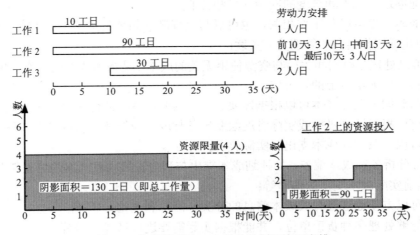

图 4-6　资源限量为 4 人时的计划及资源安排

上述例子中这类"如果这样（如资源供应、资金供应有限制等等）………会怎么样"的分析对优化安排大型复杂项目中的资源（包括资金这种资源）同样非常有帮助。

三、成本管理模块

成本的管理必须与进度同步进行，理由是在成本管理中，单单对实际支出和计划支出进行比较是不能确定成本的超支或节余，因为进度的超前或落后也会造成实际支出的增加或减少。举个例子来说，计划到月底完成整个基础工程的施工，计划成本支出为 800 万元，但到月底进行实际统计时发现，仅完成基础工程 80% 的工程量，实际成本支出为 750 万元。尽管从表面上来看，成本支出节余 50 万元，但由于并未全部完成计划的工程量，因此在考虑进度的情况下，成本支出可能超支约 $750-800×80\%=110$ 万元。由此可以看出，若不考虑进度所得出的结论可能与实际情况截然不同。

在项目管理软件中，为实现成本的管理与进度同步，成本的划分不同于大家所熟悉的预算中的成本划分。在预算中，成本分为直接成本和间接成本两大部分，而直接成本通常包括人工费、材料费、机械设备费、分包费等，间接成本包括日常开支、管理费、不可预见费等。而在项目管理软件中，工作上的成本则依据是否与资源使用有关划分为工作固定成本和资源成本，资源成本又可细分为资源固定成本和变动成本（见图4-7）。可见，同预算中成本的划分不同的是，项目管理软件把工作上与资源使用无关的那部分成本独立出来作为工作固定成本，而将与时间有关的人工费和机械设备费合并为变动成本，这样将便于进行成本和进度的同步控制。

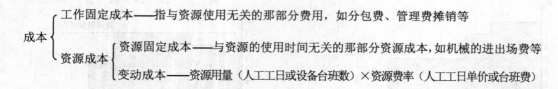

图4-7　项目管理软件中工作上的成本划分

一般成本管理模块应具有以下主要功能：

（1）能够进行成本和进度的同步计算和控制；

（2）成本不仅可以与工作相关，也可以与里程碑（如项目实施中的重大事件）、概要工作（例如几项工作共同的管理费）关联；

（3）可以处理与时间相关而与资源使用无关的成本（是指那些无论工作开展与否都要承担的费用），例如项目上的管理费；

（4）与时间相关的成本可以根据需要表示为与时间成非线性关系；

（5）可以根据计划进度或实际进度绘制出各种成本曲线和全部或分期的现金流量图；

（6）可以记录实际成本支出和实际收入；

（7）可分析各种成本偏差，如计划成本支出与当前进度预算成本的偏差，当前进度预算成本与当前实际成本支出的偏差等；

（8）可以方便地进行有关成本信息的分类、汇总和查询；

（9）能够处理多种货币单位，并能根据实际需要进行换算，等等。

四、报告生成及输出模块

该模块能够根据管理层次的不同，通过筛选、分类、汇总等手段生成内容不同、详略有别的报告，如指导班组施工用的作业横道计划图，供项目经理参考的进度和成本支出状况报告等，并能够通过打印出来的书面形式或者电子邮件、Web网页等电子文档形式下发到有关的管理人员手中，使得各个层次的管理人员都能够取得各自所需的有关信息，从而便于采取一致行动，使利用项目管理软件进行计算机辅助施工项目管理落到实处。

一般说来，报告生成及输出模块具有以下功能：

（1）能够根据需要输出全部或局部的网络图（包括时标网络图），并能生成指导班组施工的横道图；

（2）能够输出各种资源报告和资源投入曲线；

（3）能够输出各种成本报告和成本曲线；

（4）允许用户自定义待输出报告的内容和格式，以满足施工项目管理中的特定需求；

（5）提供支持"所见及所得（WYSIWYG）"的预览功能，在正式报告/图形输出之前允许用户进行修改标题、图签、输出比例，添加有关文字说明等工作。

第三节　应用项目管理软件的准备工作

要发挥项目管理软件在施工项目管理中的作用，必须在应用前做好必要的准备工作。一般来说，需做的准备工作包括以下几个部分的内容：

一、确定计划目标

可能的目标一般有：时间目标（工期目标），时间—资源目标，时间—成本目标等几种，具体选择哪一种目标，应视具体情况根据需要确定。

二、进行调查研究

进行调查研究主要是为了了解实际情况和收集有关资料，并进行综合分析，从而使得在此基础上制定出来的计划更加贴近实际情况。

1. 调查研究的主要内容

（1）项目有关的设计图纸、设计数据等资料；

（2）现场水文、地质、气象等自然条件资料（如地下水位的高低、雨季的降水量、持续时间、冬季平均气温等）；

（3）与工程有关的规定和要求（如"基础、主体分别验收"制度，由规划部门进行灰线复验的规定，文明施工的有关规定，地方建设行政主管部门所作的其他有关规定等）；

（4）施工现场周围环境、交通状况等资料；

（5）资源需求和供应情况；

（6）资金需求和供应情况；

（7）项目施工的工期要求；

（8）主要施工过程的施工方案（包括所采用的施工方法和施工机械，流水段的划分，施工流向和施工顺序等内容）；

（9）现行的施工定额（包括劳动定额、材料消耗定额和机械台班定额）；

（10）施工预算；

（11）与其他专业承包商的有关协议或合同；

（12）有关的统计资料、历史资料及经验；

（13）其他有关的技术经济资料。

2. 调查研究可采用的方法

（1）实际观察、测量与询问；

（2）会议调查；

（3）查阅资料；

（4）计算机检索；

（5）信息传递；

（6）分析预测。

3. 综合分析，把握全貌

三、准备网络计划的基本参数

（一）进行工作的划分

工作的划分应遵循自上而下、逐步细化的过程。例如，对一个住宅工程项目，工作可按图4-8所示进行划分。

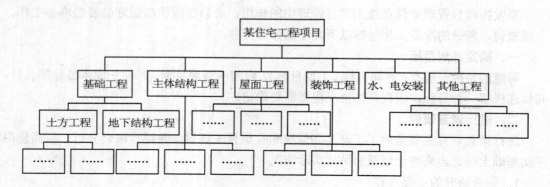

图4-8　工作划分示意图

1. 工作划分的原则

工作划分的总的指导原则是：①使制定出来的计划简明清晰；②便于施工管理人员掌握和运用；③要使计划能真正起到控制工程进度、成本和协调各专业工种施工的作用。

要贯彻上述总的指导原则，在进行具体的工作划分时应考虑以下几个方面的内容：

（1）工程的组成特点：对于一项建筑工程而言，建筑物是由各部分按一定的形式组织起来的。首先在垂直方向上分为不同的层，其次在每层上又有不同的构件、设备等。另外，若要组织流水施工则每层还包含若干的流水段。在进行工作划分时，必须考虑工程的这些组成特点。

（2）专业分工：工程项目的施工是由不同专业的施工班组（或专业分包商）共同完成的。一般的工业与民用建筑项目可分为建筑工程、建筑采暖卫生与燃气安装工程、建筑电气安装工程、通风与空调工程、电梯安装工程、消防设施安装工程等，并且还可以进一步细化，如建筑工程又分为土方工程、钢筋混凝土工程、砌筑工程等等。随着社会的发展和技术的进步，还可能出现其他的专业施工过程，同时专业分工愈来愈细，专业化程度不断提高。因此，进行工作的划分时，必须考虑专业分工的要求，以满足专业化施工的需要。

（3）施工劳动力组织：每项施工工作都是由确定的劳动班组完成的，劳动力分配是工作划分详细程度必须要考虑的方面，即之间是相互关联、相互影响的。

一般由相同施工班组实施的施工过程可以合并为一个工作，作为施工管理计划的基本单元，这样也便于施工管理计划的落实。例如，在砖混结构的施工中，构造柱、圈梁及部分现浇板的支模都是由木工班组完成，则可合并为一个工作（对一个施工流水段而言）。

（4）项目规模和施工条件：项目规模大，则工作适当划分细一些，即需要考虑分流水段进行施工。例如对基础工程，可分为"1段挖土方，1段混凝土垫层，1段砌砖基础，1

段基础及室内回填土，……"。若规模太小，则合并为一个"基础工程"也可；若规模很大，则可能要把"土方工程"单独独立出来，进一步细分为"降水、护坡、……"。

另外，施工条件也会影响工作的划分，施工条件复杂的要划细一些，施工条件简单的可划粗一些。

（5）施工方法：同一个工程采用不同的施工方法必然得到不同的工作划分结果。例如，在高层建筑的墙体施工中，采用滑模方案的工作划分肯定与采用大模板方案的不同。

以上为工作划分时主要应考虑的方面，在具体实践中还要灵活运用。此外，对关键工作可细分一些，这样才能符合实际，且便于施工管理。

2. 工作划分的基本步骤

（1）依据施工图纸和选定的施工方案，将各工作逐一列出。应注意所列工作需尽可能与施工定额中的有关项目相对应，避免在工程量计算时进行不必要的换算。

（2）结合施工方法、施工顺序、施工条件、劳动组织等因素加以适当的整理、合并和调整，以满足制定计划的需要。

3. 工作划分的粗细程度

工作的划分应根据计划管理的需要确定其粗细程度。它可以是一个工序，也可以是一项分项工程，还可以是它们的组合。另外，在网络计划中，由于技术上的需要而引起的间歇等待时间（如混凝土养护、抹灰干燥等）也可以当作一项工作来处理。

工作划分的粗细程度应保证满足施工管理的客观需要。对控制性施工进度计划，工作一般划分较粗，可只列出分部工程名称即可。例如，对装配式单层工业厂房，在编制控制性进度计划时，只需列出土方工程、基础工程、预制构件工程和构件安装工程等分部工程名称即可。而对实施性进度计划，为便于施工现场的管理及施工班组人员的掌握，工作相应地划分细一些，需列出分项工程名称（如支模、绑筋、浇筑混凝土），对其中起主导作用和主要的、由多工种实施的分项工程，还可按专业工种进一步细分为工序。例如，在上述厂房中，所有预制构件的制作可作为一项工作，也可以将柱、预应力屋架、预制梁等各预制构件的制作单独作为一项工作；如果再细一些，预应力屋架制作则可划分为屋架模板制作、钢筋绑扎、浇捣混凝土、屋架预应力张拉与灌浆等若干工作。

总的说来，工作划分的粗细程度应根据施工任务的具体情况来确定，在保证客观施工管理需要的基础上，对工程量较小或性质相同的工作，经过分析整理后适当予以合并和调整，尽量减少工作数量，避免因工作数目太多而使计划过于繁杂。

4. 工作划分的要求

（1）工作的划分应与施工方法一致，以保证计划完全符合施工进展的实际情况。

（2）对工程量较小或性质相同的工作经分析整理后予以适当的归口合并，使计划图表简明清晰。

（3）对于一些次要的、零星的施工过程，可以进行合并，定为"其他工程"，列入工作条目中，在计算工程量时可根据具体情况按适当的百分数给予考虑。

（4）一些与土建工程有关的施工准备工作以及水、暖、卫、电、工艺设备安装等专业工种工程也应列入计划内，作为单独的工作，以表明它们与土建工程的配合关系。但一般只需列出工作名称及标明工作的开始与结束时间，详细的实施性作业进度计划由各专业施工队单独编制。

（5）在确定工作名称时，可以参考各省市或企业现行施工定额上的项目名称。

（二）确定工作之间的逻辑关系

所谓逻辑关系是指各工作之间相互依赖的先后顺序关系。在编制网络计划时，工作之间逻辑关系的确定最为复杂和重要，稍有不慎就会产生逻辑错误，严重时甚至会使网络计划失去对施工的指导意义，必须予以足够的重视。

确定各工作之间的逻辑关系时，主要应考虑：客观上由工艺所决定的工作间的先后顺序关系（即工艺关系）；施工组织所要求的工作间相互制约、相互依赖的关系（即组织关系）。下面分别就这两种关系加以说明。

1. 工艺关系

工艺关系是由工艺要求所决定的，一般来说比较固定（如图 4-9 所示）。

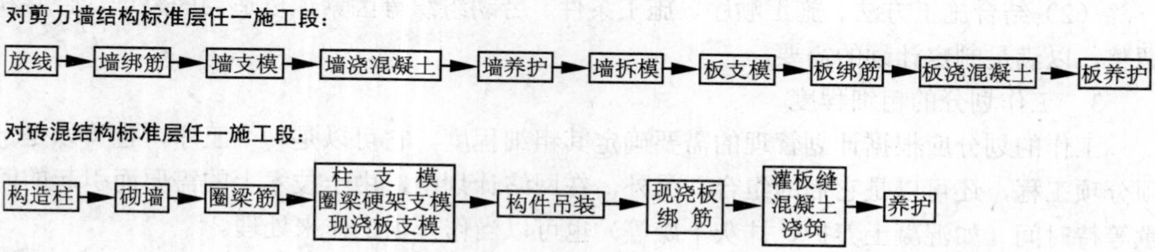

对剪力墙结构标准层任一施工段：

放线 ▶ 墙绑筋 ▶ 墙支模 ▶ 墙浇混凝土 ▶ 墙养护 ▶ 墙拆模 ▶ 板支模 ▶ 板绑筋 ▶ 板浇混凝土 ▶ 板养护

对砖混结构标准层任一施工段：

构造柱 ▶ 砌墙 ▶ 圈梁筋 ▶ 柱支模 圈梁硬架支模 现浇板支模 ▶ 构件吊装 ▶ 现浇板绑筋 ▶ 灌板缝混凝土浇筑 ▶ 养护

图 4-9 常见的工艺关系

2. 组织关系

组织关系不是固定不变的，一般会随着现场实际条件、施工组织人员的不同而不同。它通常由施工组织人员根据具体情况加以确定（编成施工组织设计）和贯彻落实，并可能在施工过程中根据实际情况不断进行调整，以满足工程施工的需要，实现预定的目标。

组织关系是最复杂的逻辑关系，确定时要考虑的因素非常多，需要有丰富的现场施工管理经验。确定组织关系的过程也是确定组织施工方法（平行施工、流水施工等）的过程。这里就存在一个组织的好与坏的问题，而这正是施工组织人员发挥聪明才智的地方。例如是从Ⅰ段施工至Ⅳ段，还是先施工Ⅱ段，再依次施工Ⅲ段、Ⅳ段、Ⅰ段；室内装修时是先做地面，还是先进行墙面抹灰等等。有时，项目管理软件能够帮助施工组织人员确定出较好的组织关系（参见本章第五节"项目管理软件 Microsoft Project 2000"中的有关内容）。

确定组织关系时常考虑的因素有：

（1）劳动力、机械设备、材料、构配件等资源的限制，现场的运输状况。

（2）工作面的有限性。例如，做地面和墙面抹灰不能同时进行，必须分先后。

（3）工序之间的污染和破坏问题。即会对已有成品产生破坏和污染时，破坏性工序一般优先安排。

（4）安全方面和质量保证等方面的有关规定。

流水施工（作业）时常见的组织关系见图 4-10。

| n 层 3 段墙支模 | → | n 层 2 段墙支模 | → | n 层 1 段墙支模 | → | (n+1)层 3 段墙支模 |

图 4-10 常见的组织关系

下面通过一个简单的例子来具体说明工作之间所存在的逻辑关系，目的是使大家能够对工作间的逻辑关系有一个直观形象的理解。

【实例】现需要建造一栋两层混合结构形式的小楼，楼板全现浇，施工顺序为：砌墙→施工顶板→顶板养护。采用流水施工方式，每层划分为两个施工段，组织了一个瓦工班组（负责砌墙）和一个混合班组（负责楼板的支模、绑筋、浇混凝土工作）。则工作间的逻辑关系确定如图 4-11 所示。

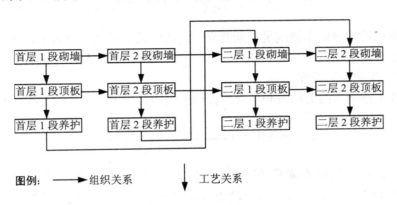

图 4-11 工作间的逻辑关系举例

（三）计算各工作的工程量

在工作确定之后，应根据施工图纸和有关工程量的计算规则，按照工作的排列，分别计算出每个工作的工程量。在计算工程量时应注意以下问题：

（1）工程量的计算单位应与现行的施工定额手册中的单位一致，以便计算劳动量、机械台班数量时直接使用施工定额，避免出现不必要的单位换算或工程量重复计算。

（2）工程量的计算应结合实际的施工方案和安全技术要求。例如，土方开挖时应考虑开挖的方法和边坡稳定的要求等。

（3）工程量的计算要结合施工组织中的流水段划分，分区、分段、分层计算工程量。

（四）确定劳动量和机械台班数量

完成各工作所需的劳动量和机械台班数量可根据现行的施工定额和本企业的具体情况来确定，通常按下列计算公式进行计算：

$$P = Q / S \quad 或 \quad P = Q \times H$$

式中 P —— 完成某工作所需的劳动量（工日）或机械台班数（台班）；

Q —— 某工作的工程量；

S —— 产量定额（m^3、m^2、t、…… / 工日或台班）；

H —— 时间定额（工日或台班 / m^3、m^2、t、……）。

（五）确定资源使用情况和持续时间

在确定劳动力资源的使用情况时，常有一个工作班制的问题。若每天采用两班或三班工作制时，可以加快施工速度，保证施工工作面和施工机械的充分利用，满足某些工艺（如滑模施工或大体积混凝土浇筑等）的特殊要求，但会增加施工成本（如增加加班费、夜间照明费等费用，工作效率降低导致成本增加等），同时也给物资供应、质量和技术监督带来困难，所以除了赶工期或满足某些工艺要求外，通常采用每天一班制。

在劳动量和机械台班数量以及每天的工作班制确定之后，根据拟定的每天工作上安排的资源数量（如劳动力人数、机械台数等），就可以计算各工作的持续时间：

1．对于机械化施工的工作

$$持续时间 = \frac{机械台班数量}{机械台数 \times 每天工作的班数}$$

如果求出的持续时间不能满足工期要求时，通常采取增减机械台数，也可增加每天工作的班数来进行调整。

2．对于人工完成的工作

根据完成工作所需的劳动量和现有的劳动力人数，可求出工作的持续时间：

$$持续时间 = \frac{工作所需的劳动量}{劳动力人数}$$

如果求出的持续时间不能满足工期要求时，可通过增减劳动力人数的办法来进行调整。在减少劳动力人数时，需要考虑最小劳动组合的要求，避免由于每班人数过少而引起劳动生产率的下降。而在增加劳动力人数时则需考虑最小工作面的要求，避免由于每班人数安排过多造成工作面不足而产生窝工，甚至发生安全事故。如果在最小工作面的情况下，安排了最大的人数仍然不能满足工期的要求时，也可以考虑组织两班制或三班制进行施工。

3．对采用新技术、新工艺的工作

也可以按"三点估计法"计算它的平均持续时间：

$$D = （a+4b+c）/6$$

式中　　D ——工作的平均持续时间；

　　　　a ——最乐观的估计时间（考虑最有利的因素）；

　　　　b ——最可能的估计时间（常规情况下）；

　　　　c ——最保守的估计时间（考虑最不利的因素）。

4．对于有成熟经验的工作

也可以直接估计它的持续时间，而不需要事先计算它的劳动量和机械台班数量。

（六）确定工作固定成本、资源固定成本、可变成本

如果打算利用项目管理软件进行项目成本的控制，那么就需要确定工作上的有关成本信息。工作固定成本通常与工作的工程量有关，资源固定成本、可变成本则与资源的使用有关（参见本章第二节"成本管理模块"中的有关定义）。从目前国内的实际情况来看，要真正用好项目管理软件的成本控制功能，必须对现有的项目成本核算的有关制度进行改革，以适应项目管理软件的要求。

第四节　应用项目管理软件的基本步骤

项目管理软件种类较多，功能和操作上也存在着差异，但使用它们的基本步骤却是一致的。下面分别予以阐述。

一、输入项目的基本信息

通常包括输入项目的名称、项目的开始日期（有时需输入项目的必须完成日期）、排定计划的时间单位（小时、天、周、月）、项目采用的工作日历等内容。

二、输入工作的基本信息和工作之间逻辑关系

工作的基本信息包括工作名称、工作代码（有时可以省略）、工作的持续时间（即完成工作的工期）、工作上的时间限制（指对工作开工时间或完工时间的限制）、工作的特性（如工作执行过程中是否允许中断等）等。

工作之间的逻辑关系既可以通过数据表进行输入，也可以在图（横道图、网络图）上借助于鼠标的拖放来指定，图上输入直观、方便且不易出错，应作为逻辑关系的主要输入方式。

如果要利用项目管理软件对资源（劳动力、机械设备等）进行管理，那么还需要建立资源库（包括资源名称、资源最大限量、资源的工作时间等内容），并输入完成工作所需的资源信息。

如果还要利用项目管理软件进行成本控制，那么就需要在资源库中输入资源费率（人工工日单价或台班费等）、资源的每次使用成本（如大型机械的进出场费等），并在工作上输入确定好的工作固定成本。

三、计划的调整与保存

通过上一步的工作，就已经建立了一个初步的工作计划。该计划是否可行？能否满足项目管理的要求？能否进行进一步的优化？这些问题项目计划人员必须解决好。利用项目管理软件所提供的有关图表以及排序、筛选、统计等功能，项目计划人员可以查看到自己需要了解的有关项目信息，如项目的总工期、总成本、资源的使用状况等，如果发现与自己的期望不一致，例如工期过长、成本超出预算范围、资源的使用超出资源的供应、资源的使用不均衡等，就可以对初步工作计划进行必要的调整，使之满足要求。例如，可通过缩短关键路径来使工期符合要求等等。

计划调整完成后，就形成了一个可以付诸实施的计划，应当保存为比较基准计划，以便在计划执行过程中同实际发生的情况进行对比。

四、公布并实施项目计划

可以通过打印出来报告、图表等书面形式，也可以利用电子邮件、Web 网页等电子形式将制定好计划予以公布并执行，应确保所有的项目参加人员都能及时获得他所需要的信息。

五、管理和跟踪项目

计划实施后，应当定期（如每周、每旬、每月等）对计划的执行情况进行检查，收集实际的进度/成本数据，并输入到项目管理软件中。需要输入的数据通常包括：检查日期、

工作的实际开始/完成日期、工作实际完成的工程量、工作已进行的天数、正在进行的工作的完成率、工作上实际支出的费用等。

在将实际发生的进度/成本信息输入到计算机中后，就可以利用项目管理软件对计划进行更新。更新后应检查项目的进度能否满足工期要求，预期成本是否在预算范围之内，是否出现因部分工作的推迟或提前开始（或完成）而导致的资源过度分配（指资源的使用超出资源的供应）。这样，可以发现存在的潜在问题，及时调整项目计划来保证项目预期目标的实现，如通过压缩关键路径来满足工期要求等等。

项目计划调整后，应及时通过书面形式或电子形式通知有关人员，使调整后的计划能够得到贯彻和落实，起到指导施工的作用。

需要强调的是，项目计划的跟踪、更新、调整和实施这个过程需要不断地反复进行，直至项目的结束。

第五节　项目管理软件 Microsoft Project 2000

Microsoft Project 2000 是 Microsoft 公司最新推出的项目管理软件。该软件不仅秉承了 Microsoft 公司软件产品易学易用的特点，而且功能强大，这已得到了从初涉项目管理的新手到项目管理专家的广泛认同。首先，Project 2000 与 Office 2000 完全集成，使用通用的 Office 界面和联机帮助系统，便于普通用户的掌握和使用。其次，Project 2000 提供了强大的计划安排和跟踪的工具，如任务可以被中断、允许为任务设置工作日历、资源可采用多种分布方式、资源的成本费率可变等，便于更真实地模拟实际项目。再有，Project 2000 还支持 Internet 和企业内部 Intranet 的新技术，有助于保证项目上全面及时的信息传递。另外，Project 2000 还提供 VBA（Microsoft Visual Basic for Application）扩展、资源工具（Microsoft Project 2000 Resource Kit）、软件开发工具（Microsoft Project 2000 Software Developer's Kit）等，便于对 Project 2000 进行二次开发，以满足特定的项目管理的需要。总之，Project 2000 是利用计算机辅助项目管理的强有力的工具，如果使用得当，可大大加快项目计划、实施、监督和调整等方面的工作。

一、Microsoft Project 2000 使用基础

1. Project 2000 的主窗口

启动 Project 2000 后，屏幕上出现 Project 2000 的主窗口，如图 4-12 所示。该窗口与 Microsoft Word 2000 和 Excel 2000 的工作窗口类似，不同的是多了一个视图栏。视图栏中显示一列图标，分别代表在"视图"菜单中列出的各个视图选项。简单地点击视图栏中的图标，就可以即刻用它所代表的视图来显示项目数据。如果某视图图标显示成被按下的形状，则表示目前显示的是该视图。利用"视图"菜单

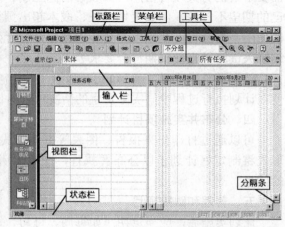

图 4-12　Project 2000 的主窗口

中的"视图栏"命令可以显示或隐藏视图栏。

2．理解 Project 2000 的视图和表

学会运用不同的视图和表是成功使用 Project 2000 的一个关键。所有的 Project 视图和表都基于同一组项目数据，但用不同的方式从不同的方面来表示，以方便用户对项目进行全面分析。

Project 2000 中，主要的视图包括：甘特图、跟踪甘特图、日历视图（常用的传统方式，可快速查看在特定的天、周或月中安排了哪些任务）、任务分配状况视图（可逐日显示工作上的资源分配情况，非常详细）、网络图、任务窗体视图、资源工作表（典型的表视图）、资源使用状况视图（可逐日显示资源的工作分配情况，非常详细）、资源图表、资源窗体视图等。用户使用"窗口"菜单中的"拆分"命令，可将任意视图拆分成上下两个窗口，此时称复合视图。如果先前窗口内显示的是任务类视图（如甘特图、任务分配状况视图、网络图等），则拆分后，下一窗口中的默认视图为任务窗体视图。而如果先前窗口内显示的是资源类视图（如资源工作

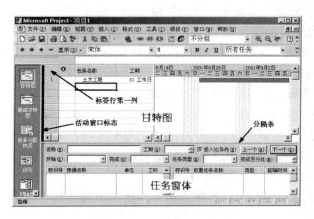

图 4-13　复合视图示意

表等），则拆分后，下一窗口中的默认视图为资源窗体视图。图 4-13 中显示的是将甘特图拆分后形成的复合视图（上一窗口仍显示甘特图，下一窗口中显示任务窗体视图），该复合视图又称为"任务数据编辑"视图，可通过单击视图栏中的"其他视图"图标来显示。选择"窗口"菜单中的"取消拆分"项可关闭打开的复合视图。另外，通过拖拉或双击拆分条（鼠标指针移到拆分条上时将变成⇕形状），也可以打开/关闭复合视图。

复合视图非常有用，例如可以在上一窗口中查看某一任务如何与项目的其他部分相关联，同时在下一窗口中浏览该任务的细节。

Project 2000 中的另外一个重要概念是表，表是视图的一个重要组成部分（当然也存在一些没有表的视图）。表分为两类：一类是用于任务类视图的任务表，如差异、成本、跟踪、项、工时、日程、延迟、盈余分析、限制日期等表；另一类是用于资源类视图的资源表，如成本、工时、项、盈余分析等表。有两种方法可以在一个视图中打开（或应用）所需要的表：一种方法是选择"视图"菜单中的"表"，然后在"表"子菜单中选取所需要的表；另一种方法是在视图中表格的最左上角单元（即标签行的第一列）上单击鼠标右键，然后从弹出的快捷菜单中选取所需要的表。

3．Microsoft Project 2000 操作技巧

同 Windows 操作系统下的其他应用软件一样，使用菜单选取命令是操作 Microsoft Project 2000 的最基本的方法，而单击工具栏中的按钮或使用快捷键使部分操作变得更加便捷。但是，在 Microsoft Project 2000 中，还有其他更为简单的操作方法，不仅能够提高用户的工作效率，而且便于初学者掌握和应用。下面分别予以介绍。

（1）使用快捷菜单　当鼠标指针指向有关对象或区域时，单击鼠标右键将显示快捷菜

单，菜单中列出了与该对象或区域有关的常用命令，供用户选择。因此，快捷菜单提供了选取所需命令的简便方法，而且在选取过程中鼠标也只需做很小的移动，工作效率很高。

（2）使用鼠标双击　当鼠标指针指向视图中的有关对象或区域时，双击鼠标左键将显示相关的对话框，利用该对话框也可以完成许多常用的操作。例如，当在甘特图的表格内进行双击时，将显示"任务信息"对话框。同样，通过鼠标双击来显示和使用相关的对话框，工作效率也很高。

4．使用 Microsoft Project 2000 的教程与帮助

（1）使用菜单运行教程　通过选择"帮助"菜单中"开始"项下的"快速预览"、"联机教程"和"项目地图"命令，用户可以学习如何使用 Project 2000 进行项目管理。

（2）使用 Office 助手　通过选择"帮助"菜单下的"Microsoft Project 帮助"或按 F1 键，可以激活 Office 助手，从而获得一些有益的提示或警告信息。

（3）使用帮助中的其他资源　使用"帮助"菜单中的"目录和索引"命令将打开欢迎使用窗口，从而获得更多的帮助信息。另外，通过按 Shift+F1 键（或选择"帮助"菜单下的"这是什么"命令），将使鼠标指针变为问号 ，然后再点击某个菜单选项、工具栏中的按钮、对话框中的项等有关屏幕元素，将获得与之相关的帮助信息。

二、利用 Microsoft Project 2000 编制项目计划并跟踪

Microsoft Project 2000 功能十分强大，可以帮助项目管理人员完成施工项目管理中的计划制定与跟踪等工作。为便于大家掌握这一优秀的项目管理软件，下面分五个部分对 Microsoft Project 2000 的应用步骤和主要功能逐一予以介绍。

（一）设置项目的基本信息

建立项目文件的第一步是输入项目的基本信息：

1．打开项目文件，输入项目属性信息

项目的属性信息主要是指项目的概况，有助于从总体上了解一个项目。输入项目属性信息的具体操作步骤为：①选取"文件"菜单中的"属性"命令；②在弹出的项目属性对话框中的"摘要信息"选项卡上输入项目的有关信息，如项目名称、主题、项目经理、类别等等。此外，还可以在"备注"栏中输入诸如管理项目并维护项目文件的人员、项目的目标、项目来源、项目实现的限制条件、编制进度计划时采用的主要假设等较为详尽的信息，以便于备忘和交流。

2．确定项目编排原则

Project 2000 提供两种项目编排原则：从项目开始之日起进行排定或者从项目结束之日起进行安排。如果从项目开始之日起进行安排，则应指定项目的开始日期，否则应指定项目的结束日期。具体操作步骤为：①选取"项目"菜单中的"项目信息"命令，则会弹出项目信息对话框（见图 4-14）；②在"开始日期"框中输入项目开始日期或从下拉日历中选取一个日期；如果不输入开始

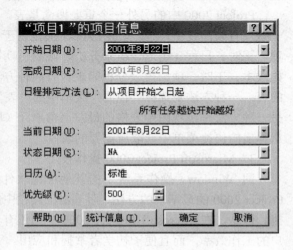

图 4-14　项目信息对话框

日期，则 Project 2000 自动将当前日期作为开始日期；③如果要输入完成日期，则应首先在"日程排定方法"框中选定"从项目完成之日起"，然后在"完成日期"框中输入项目完成日期或从下拉日历中选取一个日期。

3．指定项目的工作日历

在项目信息对话框（见图 4-14）中点击"日历"框中的下拉箭头可以为项目选定工作日历，以确定项目的工作日、非工作日、上下班时间和节假日等。Project 2000 有四种工作日历可供选择：标准、行政日历、夜班和 24 小时。默认情况下，Project 将项目日历设定为标准日历，即每周工作 5 天，每天工作 8 小时。另外，通过选取"工具"菜单上的"更改工作时间"命令，利用弹出的"更改工作时间"对话框，可为项目设置特定的工作时间和休息时间。在"更改工作时间"对话框中，不仅可以对已有的日历进行修改（例如，可将标准日历修改为每周工作 6 天，每天工作 10 小时），而且可以新建符合项目特定需要的工作日历（如新建每周工作 7 天的"中国标准日历"）。在对话框中操作时，如果要更改整个日历中的某个星期几，则应在日历顶部的标签上选择这一天；另外，按住 Ctrl 键可以选择不连续的多列/天，而按住 Shift 键则可选择连续的多列/天。需要提醒注意的是，要使修改后的日历或新建的日历在以后制定项目计划时仍然可用，则需要将它保存到全局模板 GLOBAL.MPT 中，具体操作步骤是：①在"工具"菜单中选取"管理器"命令；②在弹出的"管理器"对话框中单击"日历"选项卡；③单击右侧列表框中要保存的日历，然后按下"复制"按钮即可。

实际上，最好对标准日历进行修改，并将修改后的标准日历保存到 GLOBAL.MPT 中，这样对默认的标准日历的修改在以后制定项目计划时就一直有效，而且由于标准日历始终是 Project 2000 的默认日历，这将大大简化有关指定项目日历和基准日历的操作。同样，利用"工具"菜单中的"管理器"命令将用户自定义的诸如视图样式、报表格式等内容保存到 GLOBAL.MPT 中，这样在以后制定项目计划时就可以使用。

4．设定用户格式与操作环境

选取"工具"菜单中的"选项"命令，则会弹出"选项"对话框，此时就可以设定用户需要的格式和操作环境。"选项"对话框中有九个选项卡，可能要改变的三个常用选项是：视图、日历和日程。

（二）进行项目的任务规划

1．确定工作分解结构，输入摘要任务

一般可通过甘特图中的表格来进行任务信息的输入，输完一项任务名称后按下 Enter 键（回车键），就可以接着输入下一项任务。使用 Insert 键可在选中的任务前面快速插入一个新任务，而使用 Delete 键则可快速删除所选中的任务。

2．输入子任务和子任务工期

同输入摘要任务一样，在甘特图的表格中输入子任务和子任务的工期。使用 Insert 键可在选中的任务前面快速插入一个新任务，而使用 Delete 键则可快速删除所选中的任务。

子任务输入完成后，应将其降级（缩进）以形成层次化的结构（如图 4-15 所示）。"格式"工具栏上的 ➡、⬅ 按钮可以快速地降级/升级所选中的任务，而 ➕、➖ 按钮则用于显示/隐藏子任务。另外，也可以借助鼠标快速地降级或升级任务，具体方法是：将指针放在任务名称上，当指针变成双向箭头 ⬌ 时，通过向右拖动来降级任务，向左拖动来升级任务。另一个操作技巧是，可通过单击摘要任务前的大纲符号⊞/⊟来显示/隐藏子任务。

图 4-15　任务的层次结构

双击任务表格中的任务项，将打开"任务信息"对话框（如图 4-16 所示），此时可进一步输入任务的有关详细信息，也可以给任务添加备注，在其中包含诸如详细说明、假设条件或任务的来源这样的信息。

3．输入周期性任务

可以建立一个每天、每周、每月或每年发生的周期性任务（如周三开例会等），也可以指定每次发生的工期、发生时间以及重复的时间或次数。

输入周期性任务的具体操作步骤为：①选取"插入"菜单中的"周期性任务"命令；②在弹出的"周期性任务信息"对话框中输入有关信息。

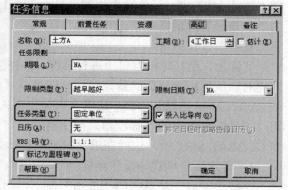

图 4-16　"任务信息"对话框

4．拆分任务

可以对任务进行拆分，使得任务产生间断，然后在稍后的时间重新开始。在需要暂停某任务上的工作来从事其他任务时，这样做非常有用。

拆分任务的操作步骤是：首先单击"拆分任务"按钮，再将鼠标指针移动到需要拆分的任务条形图上，然后在拆分点单击任务条形图即可进行任务拆分。另外，通过单击并向右拖动任务条形图可以创建较长的拆分；而通过拖动拆分任务的某个部分并使其接触到其他部分，则可以取消任务的拆分。

5．重新组织任务列表

可通过复制、移动或删除任务来调整任务列表，从而形成较为合理的层次结构。复制、移动任务既可通过复制/粘贴、剪切/粘贴来完成，也可借助于鼠标的拖放来更便捷地实现。

进行复制、移动或删除操作前应先选择有关任务。单击任务的标识号可以选择一行；要选择一组相邻的行，可先单击组中第一个标识号，然后按住 Shift 键，单击组中最后一个标识号；要选择多个不相邻的行，需按住 Ctrl 键，然后单击各任务标识号。需要补充说明的是，单击任务的标识号以外的其他域，可取消对有关任务的选择。

6．创建里程碑

里程碑是用于标记项目中主要事件的参考标志，它用以监视项目进度。例如基础通过验收就可作为一个里程碑。在 Project 2000 中，任一工期为零的任务都将显示为里程碑。除了通过指定任务的工期为 0 来创建里程碑外，还可在不更改任务工期的情况下，通过选中"任务信息"对话框中"高级"选项卡（如图 4-16 所示）上的"标记为阶段点"复选框，来将任务标识为里程碑。

7．确定任务之间的逻辑关系

对工程施工类任务，逻辑关系主要有工艺关系和组织关系两大类，有时组织关系可以部分或全部省略，而通过资源调配来有效地组织有关资源，这样逻辑关系的结构将更加简洁清晰，并且由于可以尝试采取不同的施工组织方案，使得计划调整的弹性更大，便于发挥施工管理人员的组织才能，当然另一方面也会适当增加资源安排的工作量。究竟是否省略和省略哪些组织关系，需要仔细权衡后确定。

在 Project 2000 中，任务间的逻辑关系又分为四种类型：完成—开始（FS）、开始—开始（SS）、完成—完成（FF）、开始—完成（SF）。而且，任务之间除了逻辑关系之外，还有与逻辑关系相对应的延隔时间。四种逻辑关系及延隔时间的概念见图 4-17。

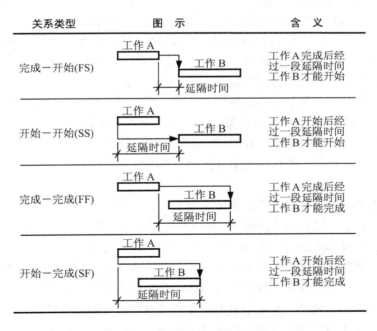

图 4-17　四种逻辑关系的有关概念

可采取下列方法之一进行任务间逻辑关系和延隔时间的输入：

（1）选取"编辑"菜单中的"链接任务"命令或单击常用工具栏中的"链接任务"按钮⏚。[默认情况下只能输入 FS 关系，但通过双击甘特图中要更改关系的两任务间的链接线（见图 4-18），在弹出的"任务相关性"对话框（如图 4-19 所示）中可更改任务间的逻辑关系和输入延隔时间]。

（2）在甘特图中，将鼠标指针指向代表紧前任务的条形图中间，按下鼠标左键将鼠标指针拖动到代表紧后任务的条形图上（见图 4-20）。默认情况下，这种方法只能输入 FS 关系。

（3）在"甘特图"的"前置任务"列直接输入前置任务的标识号。如输入 11SS＋6，11 为前置任务的标识号，SS 为关系类型，6 为延隔时间。

（4）使用"任务信息"对话框中的"前置任务"选项卡。

（5）拆分甘特图得到图 4-13 所示的复合视图（操作方法：选取"窗口"菜单中的"拆分"命令或双击分隔条），在下部的任务窗体中输入逻辑关系和延隔时间。

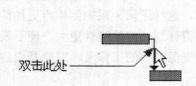

图 4-18　双击任务间的链接线示意图

图 4-19　"任务相关性"对话框

8. 检查网络计划的逻辑关系

利用 Project 2000 提供的单代号网络图，不仅可以检查和调整任务间的逻辑关系，而且可以进行任务和任务间逻辑关系的输入。在该视图中，一个方框（或是节点）代表一个任务，两个方框之间的连线则代表两个任务之间的逻辑关系。将鼠标指针置于

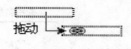

图 4-20　鼠标拖动示意

要插入节点方框的位置，然后拖动鼠标即可创建一个节点方框；双击方框内部将弹出"任务信息"对话框（图 4-16），可进行任务有关信息的录入；而双击两个方框之间的连线将弹出"任务相关性"对话框（图 4-19），可修改任务间的逻辑关系；另外，从一个方框的内部拖拉鼠标到另一个方框上，将在这两个方框所代表的任务间建立起 FS（完成—开始）类型的逻辑关系。

为便于查看整个网络图的全貌，需要在屏幕上显示尽可能多的节点。这可以通过两种途径来解决：一是使用较小的节点形式（如方框内仅包含任务名称），二是使用较为紧凑的版面布局。相应的操作方法是：选择"格式"菜单中的"方框样式"命令，将打开"方框样式"对话框，此时就可以设定节点方框外观和方框内所包含的内容；选择"格式"菜单中的"版式"命令，将会打开"版式"对话框，此时就可以设定版面布局。

需要提醒大家注意的是，如果要使所定义的节点形式（即方框样式）和版面布局等在以后制定其他项目计划时仍然可用，那么就需要使用"工具"菜单中的"管理器"命令将整个"网络图"视图保存到全局模板 GLOBAL.MPT 中，具体操作参见前面工作日历的保存方法，这里不再赘述。

另外，通过拆分网络图（方法：双击分隔条或选"窗口"菜单中的"拆分"命令），将打开包含网络图和任务窗体的复合视图，在任务窗体中可以输入更多的任务信息。

9. 指定任务的开始日期或完成日期

通过输入任务工期和任务间的逻辑关系，然后让 Project 2000 来计算任务的开始日期和

完成日期，可以最有效地排定任务的进度计划。只有当任务必须在指定日期开始和完成时，才应该在日期上添加非弹性限制并由 Project 2000 来计算工期。例如，有些工作如室外抹灰，必须在冬季到来之前完成；再如，有些合同期限必须满足，如有些工作由其他分包商负责完成等。

通过在"任务信息"对话框中的"高级"选项卡（如图 4-16 所示）上指定有关任务限制，或者直接输入任务的开始日期或结束日期，或者拖动甘特图中的条形图，都将给任务的日期添加上非弹性的限制。

另外，通过选取"工具"菜单中的"选项"命令，在弹出的对话框中清除"日程"选项卡上的"任务要服从限制日期"复选框，可以在日程排定时忽略限制条件，而按照任务间的逻辑关系进行。

（三）给任务分配资源和成本

1．建立资源库

单击视图栏中的"资源工作表"图标，屏幕上将显示资源工作表，此时就可以对资源进行定义。双击资源工作表中的资源项，将打开"资源信息"对话框，此时则可以输入资源的全部信息。例如，在"常规"选项卡上可以输入资源的电子邮件、指定资源的可用性等；在"工作时间"选项卡上可以指定资源的具体工作时间；在"成本"选项卡上可以为资源指定最多五套成本费率以及每种费率的生效日期，以支持不同工作类型的不同费用和将来费率的变动（例如工资浮动、材料价格上涨等）；在"备注"选项卡上可以输入有关资源的注释，此时在资源工作表上资源名称前的标记栏中将显示备注指示符，使人知道那里有一个注释。

2．工时资源日程排定的有关概念

在 Project 2000 中，工时资源的工时、工期与资源单位始终存在着如下关系（即工作量计算公式）：

$$工期（Duration）× 单位（Units）＝工时（Work）$$

也就是说，改变其中一个变量，其余两个变量之一也必须改变，以保持等式成立。通常情况下，当用户输入新的工时或单位（资源）时，Project 首先要调整工期以适应新的条件。若工期是一固定工期值不允许更改，那么 Project 会去更改工时，最后才去考虑变化单位（资源）。

在 Project 2000 中，用户可通过定义任务类型和指定任务是否为投入比导向来加强对计算的控制。

（1）任务类型 在 Project 中，任务类型有三种：固定单位、固定工期和固定工时。它们决定了当重新进行公式计算时，Project 保持哪个变量不变。

（2）投入比导向 将新资源添加到任务或从任务中删除某资源时，Project 将缩短或延长任务工期，或调整应用到该任务上的资源的分配单位以保持任务的总工时不变，这种日程排定方式称为投入比导向日程排定。在任务类型为"固定工时"时，必然采用该方式。

在采用投入比导向日程排定方式时，将资源添加到任务或从任务中删除资源，任务的总工时保持不变。但是，分配给该任务的各种资源上安排的工时量将有所更改。它的优点是便于进行同一种类不同资源之间的替代，例如用新增的土建工长 A 代替完成土建工长 B 的部分工作，调离的电工 C 的全部工作由留下的电工 D 负责完成。

通过使用"任务信息"对话框中的"高级"选项卡（见图 4-16）或包含"任务窗体"

的组合视图（如图 4-13 所示的"任务数据编辑"视图），用户可以更改任务类型和指定是否采用投入比导向计算方式。

3．关于材料资源的使用

材料资源的使用可分为可变材料消耗和固定材料消耗。可变材料消耗表示如果任务工期或工作分配的时间发生变化，那么材料的使用量也会改变。要指定可变材料消耗，需在资源分配的"单位"域中输入可变消耗率（例如，10t/周）。固定材料消耗表示材料的使用量为常量，而不管任务工期或工作分配的时间长短。要指定固定材料消耗，需在资源分配的"单位"或"工时"域中输入材料的使用量，例如 10t。

4．为任务分配资源

有多种方法可以为任务分配资源，下面分别加以阐述。需要注意的是，此时最好关闭"投入比导向"（理由见上）。

（1）使用任务信息对话框（见图 4-16）。利用该对话框中的"资源"选项卡，可为指定的任务分配相关的资源。

（2）使用任务窗体（见图 4-13）。要使用任务窗体进行资源分配，需要显示包含甘特图和任务窗体的组合视图（即"任务数据编辑"视图），具体操作步骤为：在视图栏或"视图"菜单中选择"甘特图"，然后选"窗口"菜单中的"拆分"命令（在分隔条上双击也可）。另外，通过在下部窗口中的任务窗体上单击，使其成为活动窗口（窗口左侧将显示一个蓝色的竖条），然后选择"格式"菜单中"详细消息"子菜单下的不同命令（也可在任务窗体上单击右键，然后选择快捷菜单中的有关命令），则可在下部窗口中显示任务窗体的不同表格（如"资源日程"、"资源工时"等等）。用户利用任务窗体中的"资源日程"表格（如图 4-21 所示），可以指定任务上所分配资源的延迟时间、开始/完成时间（可不同于任务的开始/完成时间）。

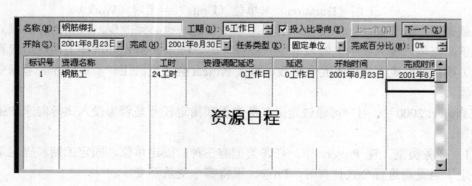

图 4-21　任务窗体中的资源日程表格

（3）使用资源分配对话框。单击工具栏上的"分配资源"按钮，即可打开资源分配对话框，给任务分配所需资源。

（4）使用"任务分配状况"视图或"资源使用状况"视图。使用这两个视图和与之相关的"工作分配信息"对话框（见图 4-22。双击"任务分配状况"视图中的资源项或"资源使用状况"中的任务项均可显示该对话框），可以精确地指定资源在工作上的分布，如常规分布、前重后轻、自定义等，还可以指定任务上所分配资源的工期（可不同于任务工期，通过输入资源工时和单位来指定）及开始/完成时间（可不同于任务的开始/完成时间）。

通过在"任务分配状况"视图中拖动所分配的资源名称行或在"资源使用状况"视图中拖动所分配的任务名称行（必要时需按住 Ctrl 键进行复制），也可以完成资源的分配工作。

（5）在资源分配中引进延迟。作为项目组成部分的任务实际上可能包括不止一项活动，如果试图为必须完成的每一步创建一个单独的任务，那将会导致项目过于详尽而不切合实际。因此，一些任务需要不同的资源在不同的时间工作，即需要延迟或提前个别资源的分配。例如，绑扎钢筋任务中需要先进行钢筋的运输工作，并且在钢筋绑扎接近完成时，水、电工才能插入施工。也就是说钢筋工和水、电工开始工作的时间都比任务的开始时间要晚，两者之间的时间差即为资源分配的延迟值。

图 4-22 "工作分配信息"对话框

输入延迟值的操作步骤是：打开甘特图，选"窗口"菜单中的"拆分"命令，然后激活下部的任务窗体，再选"格式"菜单中"详细信息"子菜单（或在任务窗体上单击鼠标右键，使用快捷菜单来操作）下的"资源日程"，就可以进行延迟值的输入了（见图 4-21）。

5. 成本规划

在 Project 2000 中，任务成本由两部分组成：资源成本和固定成本。固定成本只与任务有关，而与资源的使用无关。固定成本可能是税金、许可证费、管理费等。对于不能分摊到子任务上的那部分固定成本，可以输入到摘要任务上，表示为其下所有子任务共有。

（1）给任务输入固定成本。使用成本表，可以给任务输入固定成本，并可以指定固定成本的累算方式。应用成本表的具体步骤为：首先要选择一个面向任务的视图（如甘特图），然后选择"视图"菜单中"表"子菜单下的"成本"命令就可以显示成本表。

（2）为资源指定成本费率。利用图 4-22 所示的工作分配信息对话框，可以为资源指定不同的成本费率（一共五套）。

6. 解决资源过度分配问题

分配给资源的工作量大于计划工作时间内资源所能完成的工作量时，则资源将过度分配。资源的过度分配问题，一般在"资源分配"视图上都可以得到解决。该视图实际上是由"资源使用状况"和"调配甘特图"这两个视图组合而成的复合视图，功能十分强大。

（1）查找过度分配的资源及其任务分配。在着手解决资源过度分配问题之前，应首先确定过度分配的资源、过度分配的时间和当时资源分配的任务，这可以通过"资源使用状况"视图（或"资源分配"视图）和"资源管理"工具栏中的"到下一个资源过度分配处"按钮来进行。注意，操作时应先把滚动时标置于项目的开始日期，这样就可以查看到所有的过度分配。

（2）解决资源过度分配问题。要想消除资源过度分配，一方面可以增加过度分配发生日期的可用资源数量，另一方面可以减少过度分配发生日期的资源需求量。通过选择"工具"菜单下的"资源调配"命令,可以让 Project 2000 来自动解决资源的过度分配问题,但得出的结果往往并不令人满意,原因是 Project 一般只能通过延迟任务或任务上的部分资源分配来解决资源的过度分配问题。在实际应用中,更多的时候可能需要用户手工增加资源的供应或改变资源的分配来解决资源的过度分配问题。

（四）完成并公布计划

1. 优化项目计划

（1）总览项目计划:

1）查看项目的统计信息 用户可以打开"项目统计"对话框来浏览项目所有的统计摘要信息,具体操作步骤为:选择"项目"菜单中的"项目信息"命令,单击弹出的"项目信息"对话框（如图4-14 所示）中的"统计信息"按钮。另外,使用"跟踪"工具栏（见图 4-23）上的"项目统计"按钮 ⌄∿ 也可以打开"项目统计"对话框。

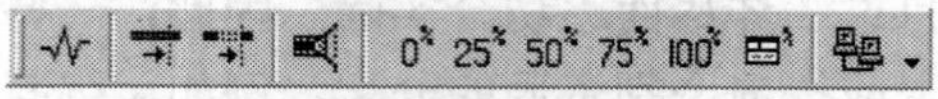

图 4-23 "跟踪"工具栏

2）在屏幕上查看完整的项目 用户可以通过压缩甘特图的时间坐标,来把握整个项目的全貌。以下几种方法均可用来压缩时间坐标:①单击常用工具栏中的"缩小"按钮 ⌕ ;②选择"视图"菜单中的"显示比例"命令;③使用"格式"菜单中的"时间刻度"命令。

3）缩短任务清单 单击摘要任务名称前的带减号的方框 ⊟ ,即可将它的子任务隐藏起来。通过隐藏子任务可有效地缩短任务清单,从而便于从整体上把握项目。

（2）筛选任务和资源:在一个项目中,有时需要特别注意一组特定的任务或资源,例如,可能希望检查某分包商的进度,或者评估关键路径中的任务,或者 7 月份要做的工作等等。通过使用 Project 2000 提供的筛选系统,用户可以随时将注意力集中于感兴趣的信息。筛选任务和资源的方式有:使用 Project 的自动筛选,使用 Project 预定的筛选器、使用用户自定义的筛选器。一般应用筛选器的方法为:选择"项目"菜单中的"筛选"命令或使用"格式"工具栏中的相应按钮。另外,选择"项目"菜单中"筛选"子菜单下的"其他筛选器"命令可打开"其他筛选器"对话框,其中有一个"突出显示"按钮,可在显示所有任务或资源的同时,突出显示指定的任务或资源。

（3）对任务或资源进行排序:使用 Project 的排序功能也可以对任务和资源列表进行操作,以方便信息的查找和利用。选择"项目"菜单中的"排序"命令即可应用 Project 的排序功能。

（4）缩短关键路径:要缩短关键路径,首先应标识出关键任务。借助于 Project 预定的筛选器,可以筛选出关键任务。筛选出关键任务之后,还可以按工期对关键任务进行排序,使它们按从长到短的顺序进行排列,这将有助于发现缩短工期的关键之所在。另外,利用"格式"菜单中的"甘特图向导"或"文本样式"命令也可以在甘特图或甘特表中突出显示关键任务。

在识别出关键任务之后,用户必须考虑任务列表上的每一个关键任务,寻找减少每一个关键任务持续时间的可行办法。所选方法与项目所受的整体限制有关,例如预算、资源的可用性以及任务的灵活性等。在缩减关键任务的持续时间时,要随时注意资源的分配情况,若发现资源过度分配,则应及时进行调整。

116

用户缩短关键路径一般可采用如下策略：

1）在可能的情况下，给一个关键任务分配更多的资源来减少它的持续时间。

2）检查每个任务的前置任务和后续任务，看它们能否搭接，即后续任务能否提前插入。在有些情况下，具有完成—开始（FS）关系的任务可以重新进行安排，以使得第二个任务能够在第一个任务完成前开始。

3）增加资源的正常工作时间（即增加资源的工作日和每日工作时间）。

4）分配加班工时（注意项目总成本应在预算范围内）来缩短某个任务的正常工作时间。

5）把一个大任务分解成多个能够平行开展的子任务。

6）充分利用现有资源，将暂时不用的资源分配给关键任务。具体来说，用户可以使用"资源使用状况"视图查找到那些暂时不用的资源并将它们分配给有关的关键任务。

7）向非关键任务要资源，向关键任务要时间：首先可利用"详细甘特图"查看到非关键任务的总时差和自由时差（即可用时差），然后根据这些时差信息通过适当延迟非关键任务的开始/完成时间，就能够释放部分资源供关键任务使用，从而达到缩短关键任务持续时间的目的。

8）去除任务上不必要的时间限制。具体来说，可在甘特图中打开"限制日期"表（操作步骤是：选"视图"菜单中的"表"，然后选"其他表"，在弹出的"其他表"对话框中选"限制日期"项），查看任务上的限制条件，对不是采用默认时间限制（即"越早越好"）的任务，在"甘特图"中查看其前置任务和后续任务，以确定此时间限制的必要性，对不必要的时间限制予以删除。

要成功地进行项目计划的优化，最好的建议是用户尽可能多地获得项目管理经验。不言而喻，使用 Project 管理小项目为将来用户处理大型复杂的项目计划奠定了基础。

2. 设置横道图格式和任务的文本格式

为突出显示有关的信息，可以对任务、资源或条形图的外观进行更改，使之引人注目，便于集中注意力。

用户可使用"甘特图向导"或"条形图样式"对话框进行横道图格式的设置。"甘特图向导"和"条形图样式"对话框均可通过选取"格式"菜单或快捷菜单中的相应命令来显示。此外，双击甘特图的空白处也可快速打开"条形图样式"对话框。

另外，用户可使用"格式"菜单中的"文本样式"命令为一类任务（如关键任务、里程碑任务等）设置特定的文本格式。

再有，使用"格式"菜单中的"条形图"命令（应先选中某个任务）或快捷菜单（需先在条形图上单击鼠标右键）中的"设置条形图格式"命令可以更改"甘特图"中单个条形图的格式；使用"格式"菜单中的"字体"命令可更改单个任务的格式，使用"格式刷"按钮 可快速地将某个任务的格式设置复制到另一任务上。

3. 修改时间坐标

通过选取"格式"菜单中的"时间刻度"命令，可打开"时间刻度"对话框。利用该对话框，用户可以修改横道图的时间坐标。另外，在甘特图的时间刻度上双击，或者单击鼠标右键后从弹出的快捷菜单中选"时间刻度"命令，也可以打开"时间刻度"对话框。

4. 将当前计划设置为基准计划

当已输完项目所有的基本信息并已准备开始实际工作时，则需要保存计划的比较基准，以便能够将项目日后的变动与原始计划进行比较，从而了解两者之间的差别并加以解决，而且对将来为类似的项目制订更为准确的计划也很有帮助。

选择"工具"菜单中的"跟踪"子菜单，然后单击"保存比较基准"命令，可打开"保存比较基准"对话框，利用该对话框可将当前计划设置为基准计划，以便于项目开始后的跟踪比较。选择对话框中的"选定任务"选项，可向现有的比较基准计划中添加新任务或修改选定任务的有关信息。

5．打印报告

为了有效地管理项目，用户需要同大量的人员交流项目信息。使用 Project 2000 可以打印出符合特定的人或工作组需求的视图和报表，也可以打印只显示了用户必须完成的任务的日历，或打印显示了多个关键路径的单代号网络图等等。

（1）显示不同的项目信息　用户可以在任务视图或资源视图中显示项目信息。如果要输入、更改或显示任务信息，则使用任务视图。如果要输入、更改或显示资源信息，则使用资源视图。

（2）添加标题、页码或其他有关的项目信息　使用"文件"菜单中的"页面设置"命令，可以设置待打印视图的"页眉"、"页脚"或"图例"以及其他打印选项。另外，使用"插入"菜单可插入或删除已有的分页符。

（3）预览视图的打印效果　单击工具栏中的"打印预览"按钮 ，即可预览视图的打印效果。在"打印预览"窗口中，通过单击"页面设置"按钮，用户可以调整打印方向和大小，编辑页眉、页脚和图例，以及设置要打印的内容和打印选项等。

（4）打印有关报表　使用"视图"菜单中的"报表"命令，可以打印 Project 2000 本身自带的多种报表，也可以打印由用户自定义的符合用户特定需要的有关报表。

（五）管理和跟踪项目

建立了项目进度计划并保存比较基准后，应该跟踪项目的执行情况（如项目中任务的实际开始日期、完成日期、任务完成百分比、实际工时等）并及时更新项目计划，以达到监控项目的进度和成本以及制定合理的资源使用计划的目的。另外，跟踪过程中所记录下的详细信息也为将来制定项目计划提供了实际的数据。项目计划的跟踪可以比较简单，也可能较为复杂，这取决于报告的需求和跟踪的频率。经常进行项目文件的更新可能成为项目经理部日常工作中的巨大负担，因此在确定跟踪频度之前，必须认真权衡频繁更新项目文件以更真实地反映项目实际状态所产生的信息价值以及所付出的代价。

另外还需要强调的是，在开始收集跟踪信息之前，必须事先建立好信息收集机制。也就是应该预先决定如何收集进度数据，并给出有关人员提交信息的方式。例如，要求有关人员将打印好的进度报告在例会上递交。如果有关人员都能访问某台计算机和共享电子邮件，则可以利用 Project 2000 的工作组特性来自动发布任务通知、工作分配变化通知和在任务按计划开始后自动要求报告进度。在浏览过有关人员递交的进度报告后，还可以自动加载到 Project 2000 中，进行计划的更新。

为便于进行项目的跟踪和分析，可以打开"跟踪"和"分析"工具栏，必要时需要使用"跟踪甘特图"和任务视图下的"跟踪"表、"盈余分析"表（或对应的资源视图下的"盈余表"）进行辅助操作。

1．输入状态日期

状态日期也就是计划的更新日期。如果用户没有设置项目的状态日期，则 Project 2000 取当前日期作为状态日期进行有关的计算。

用户可利用"项目信息"对话框（如图 4-14 所示）来输入项目的状态日期。

2．输入实际进度/成本数据

一般使用图 4-24 所示的"更新任务"对话框，或者使用"跟踪"表，或者使用图 4-23 所示的"跟踪"工具栏进行实际进度/成本信息的输入。对涉及到任务上所分配的资源或每

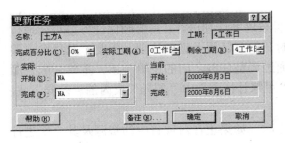

图 4-24　"更新任务"对话框

天的详细进度/成本数据的输入，可使用"任务分配状况"和"资源使用状况"视图及其中的"工作分配信息"对话框（如图 4-22 所示）来进行。

实际上，在打开"跟踪"表的任务分配状况视图上，几乎可以完成所有实际进度/成本数据的输入工作。打开"跟踪"表的基本步骤是：选择"视图"菜单中的"表"，然后再选"跟踪"即可。

（1）更新实际工期：可以利用图 4-24 所示的"更新任务"对话框来更新任务的实际工期。下面两种方法均可以打开"更新任务"对话框，用户可以根据方便选择其中之一。一种方法是选择"工具"菜单中的"跟踪"，然后再选择"更新任务"命令；另一种是直接单击"跟踪"工具栏（如图 4-23 所示）中的"更新任务"按钮 。

如果需要更新任务上所分配资源的实际工期，则一般应使用图 4-22 所示的"工作分配信息"对话框来进行。

需要注意的是，如果设定了投入比导向日程排定方法，则应通过调整资源的工时量或单位来更改工期，而不是直接更改。

另外，还可以利用"更新项目"对话框（见图 4-25，选择"工具"菜单中"跟踪"子菜单下的"更新项目"命令即可打开该对话框）或"跟踪"工具栏（如图 4-23 所示）中的"按日程更新"按钮 来快速更新多个按计划进行的任务。在使用"更新项目"对话框更新项目进度时，Project 2000 将"将任务更新为在此日期完成"框中的日期设为项目的状态日期。

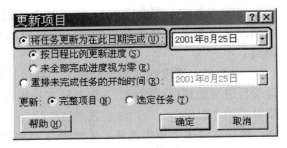

图 4-25　"更新项目"对话框

（2）更新实际工时：在"任务分配状况"视图中打开"跟踪"表或"工时"表，即可在表格内输入任务的实际已完工时和任务上所分配资源的实际工时。另外，通过在视图右侧的时间刻度表格上单击鼠标右键，然后选择快捷菜单中的"实际工时"命令，即可在视图右侧的时间刻度表格内输入每天的实际工时值。

（3）更新实际成本：默认情况下，Project 2000 会根据任务的进度自动更新实际成本，也就是说用户不能直接输入实际成本。如果需要输入实际成本信息，则应当关闭 Project 的

自动计算实际成本的功能。具体的操作步骤为：单击“工具”菜单中的“选项”命令，在弹出的“选项”对话框中选取“计算方式”选项卡，然后清除“总是由 Microsoft Project 计算实际成本”复选框。

在“任务分配状况”视图中打开“跟踪”表或“成本”表，即可在表格内输入任务的实际成本和任务上所分配资源的实际成本。另外，通过在视图右侧的时间刻度表格上单击鼠标右键，然后选择快捷菜单中的“实际成本”命令，即可在视图右侧的时间刻度表格内输入每天的实际成本值。

3. 进行计划调整

（1）查看任务是否按计划进行　要使项目按进度计划进行，需要确保任务尽可能地按时开始和完成。当然，经常会有任务不能按时开始或落后于进度计划。因此，及早发现偏离比较基准计划的任务至关重要，这样可以通过调整任务之间的逻辑关系、重新分配资源或删除某些任务来满足工期要求。通过查看“跟踪甘特图”中“差异”表内的“差异”域，就可以确定任务是否按计划进行。

（2）查看任务工时是否多于或少于计划工时　如果正在对项目中的资源及其分配进行管理，则需要确保资源能够在计划时间内完成任务。与计划产生差异既可能是好事，也可能是坏事，这取决于差异的类型和严重程度。例如，任务工时比计划工时少通常是好消息，但也可能表明资源未能有效地进行配置。通过查看“甘特图”中“工时”表内的“工时”域、“比较基准”域和“差异”域中的值，可以确定任务工时的变化。另外，使用“资源使用状况”视图和“工时”表，可查看资源的计划工时与实际工时之间的差异。

（3）查看任务成本是否与预算相符　通过查看“甘特图”中“成本”表内的“总成本”域、“比较基准”域和“差异”域中的值，可以确定任务成本的变化。若要查看资源成本，则需使用“资源使用状况”视图和“成本”表。

另外，利用“项目统计”对话框（单击“跟踪”工具栏中的“项目统计”按钮 ⚡ 即可显示该对话框），可以查看项目的当前成本（又称当前计划成本或项目预期总成本，它等于实际成本加上剩余成本）、比较基准计划成本、实际成本和剩余成本，从而判断项目预期的总成本是否会超出总预算，这样可以及早发现成本超支并对进度或预算作相应地调整。

（4）显示进度线（即前锋线）　利用甘特图上显示的“进度线”，用户可以直观地查看项目进度的超前或落后。下面几种方法均可在甘特图上显示出“进度线”：①选取“工具”菜单中的“跟踪”命令，然后选“进度线”；②在甘特图的图形区域中的空白处单击鼠标右键，然后从快捷菜单中选择“进度线”；③单击“跟踪”工具栏（如图 4-23 所示）上的“添加进度线”按钮 ◀ 等。

（5）进行盈余分析　借助于盈余分析，可以确定进度的超前/落后和成本的节约/超支，也便于与进度同步进行成本控制。在盈余分析中，需要涉及以下一些符号，其意义说明如下：

BCWS（Budgeted Cost of Work Scheduled）——计划完成工作量的预算成本

BCWP（Budgeted Cost of Work Performed）——实际完成工作量的预算成本

ACWP（Actual Cost of Work Performed）——实际完成工作量的实际成本

SV（Earned Value Schedule Variance）＝BCWP－BCWS，进度偏差

CV（Earned Value Cost Variance）＝BCWP－ACWP，成本偏差

FAC（Forecast At Completion－Scheduled Cost）——预计项目完成总成本（根据已发生的实际成本进行推算）

BAC（Budgeted At Completion－Planned Cost）——预算项目总成本（比较基准成本）

VAC（Variance At Completion）=BAC-FAC，项目总成本偏差

用户可以使用"盈余分析"表或"盈余分析"图来进行盈余分析。要使用"盈余分析"图，则需单击"分析"工具栏中的"在 Excel 中分析时间刻度数据"按钮，这样就能够将盈余分析所用的有关数据导入到 Microsoft Excel 中，利用 Excel 进行数据分析并绘制出有关的成本曲线。一般而言，项目的成本发生曲线呈"S"形，原因是在项目开始和收尾阶段，成本支出均相对较少。

（6）更新调整计划　Microsoft Project 会在任务的实际工时和剩余工时之间插入自动拆分。默认情况下，由于实际工时和剩余工时之间没有间隔，所以此任务拆分在"甘特图"中不可见。通过移动剩余的任务部分，可在实际工时和剩余工时之间创建一个间隔。注意，如果拖动任务的已完成部分，将移动整个的任务。另外，如果分配给任务的资源处于不同的完成级别，则指向已添加了进度线的任务条形图并拖动时，将不能拆分任务。

使用"跟踪"工具栏（如图 4-23 所示）中的"重排工时"按钮，可将选定任务的剩余工时排定为从状态日期开始（即"拉直"前锋线）。

另外，使用"更新项目"对话框（如图 4-25 所示），选择"重排未完成任务的开始时间"选项，也可以快速完成计划的更新与调整。

通过更新计划，将所有未完成的任务工时重排在状态日期（或当前日期）开始，可避免把剩余工时排定在已过去的日期范围内。

项目计划更新后，应检查项目的进度能否满足工期要求，预期成本是否在预算范围之内，是否出现因部分任务的推迟或提前开始/完成而导致的资源过度分配。这样，可以发现存在的潜在问题，及时调整项目计划来保证项目预期目标的实现，如通过压缩关键路径来满足工期要求等等。

（7）保存中期计划

对较大的变动，则需保存中期计划（最多 10 个），中期计划有助于分析进度计划估计的准确性。保存中期计划的操作步骤为：选取"工具"菜单中的"跟踪"，然后选"保存比较基准"，在"保存比较基准"对话框中选择"保存为中期计划"，再选择"选定任务"选项，即可向中期计划中添加新任务或修改选定任务的有关信息。

中期计划作为项目实际过程中的检查点，它保存任务的开始日期和完成日期（分别记录为开始时间 1、开始时间 2 等等），有时可能还包括成本、工期和日期数据，但其中不保存资源或工作分配数据。

三、Microsoft Project 2000 的应用实例

下面通过一个工程实例来具体说明如何利用 Project 2000 制定项目进度计划。该实例项目是要在某河流上建造一座三跨钢筋混凝土桥（如图 4-26 所示），工程包括以下几个组成部分：①桥台 A 及 D（分别又由桥台基础及桥台本身两部分组成）；②桥墩 B（由基础及桥墩两部分组成）；③桥墩 C（由桩基、基础及桥墩三部分组成）；④桥面（由 AB、BC、CD 三跨组成）。该项目假定于 2002 年 9 月 1 日开工，工期要求是不得超过 75 天。

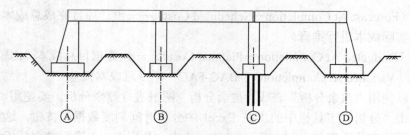

图 4-26　三跨钢筋混凝土桥梁工程

对于这样一个工程项目，可以按照下列步骤利用 Project 2000 编制其进度计划。

1．输入项目的基本信息

对于本实例中的桥梁工程，其施工顺序为：土方开挖→施工基础→施工桥台、桥墩→施工桥面。此外，由于桥墩 C 采用了桩基础，因此其间还应穿插打桩这一工序。打桩工序可以在土方开挖后进行，也可以在土方开挖之前进行，这里拟采用先开挖再打桩的方案。

选择"文件"菜单中的"属性"命令，打开"项目属性"对话框，在"摘要信息"选项卡上输入上述的有关内容以及工期要求（即不得超过 75 天），以便于制定计划时参考和与其他人员进行交流。

2．确定进度计划的编排方式

选择"项目"菜单中的"项目信息"命令，打开"项目信息"对话框，在"开始日期"框中输入项目的开始日期"2002 年 9 月 1 日"或从下拉日历中选择该日期，日程排定方法采用默认的"从项目开始之日起"，即项目的进度计划是从项目开始日期往后顺排。

3．修改项目的工作日历

项目的工作日历默认采用 Project 2000 的标准日历，即每周工作 5 天，每天工作 8 小时。对于实例中的桥梁工程项目，假定一周需工作 7 天（国内施工项目一般如此），则需对标准日历进行修改，以满足计划安排的要求。具体的操作步骤是：选择"工具"菜单中的"更改工作时间"命令，打开"更改工作时间"对话框，按住 Ctrl 键单击日历顶部的"日"、"六"标签，在"将所选日期设置为"选项中单击"非默认工作时间"，然后单击"确定"关闭对话框。

4．划分项目的主要阶段

本项目主要划分为五个阶段：①土方工程；②打桩工程；③基础工程；④桥台（墩）工程；⑤桥面工程。在甘特图左边表格内的"任务名称"栏中，依次输入这些阶段的名称，输完一项后按下回车键即可输入下一项。五项全部输入完毕后，屏幕上将如图 4-27 所示。

	❶	任务名称	工期	
1		土方工程	1 工作日?	
2		打桩工程	1 工作日?	
3		基础工程	1 工作日?	
4		桥台（墩）工程	1 工作日?	
5		桥面工程	1 工作日?	

图 4-27

下面将光标移动到"土方工程"上，按下 Insert 键，在表的顶部插入一个空白行。在刚插入的空白行任务名称栏中输入"工程开工"，作为项目的第一个里程碑。然后在最后一行中输入"工程竣工"，作为项目的另一个里程碑。

为便于查看项目的整体信息，如总工期、总成本等，这里再另外增加一项，即整个项目——"三跨钢筋混凝土桥梁工程"，它位于所有任务名称的前面。将光标移到"工程开工"上，按下 Insert 键，在插入的空白行任务名称栏中输入项目名称。

由于第一行的项目名称代表整个项目，它包含位于后几行的五个阶段和两个里程碑，因此需将第一行以后的任务名称进行缩进以形成层次化的结构，从而反映这种包含与被包含的关系。使用鼠标拖动选中第一行以后的所有任务名称，然后单击工具栏中的 ➡ 按钮，即可形成图 4-28 所示的层次结构。图中，前面显示有 ⊟ 符号的"三跨钢筋混凝土桥梁工程"称为摘要任务，其后的七项称作它的子任务。

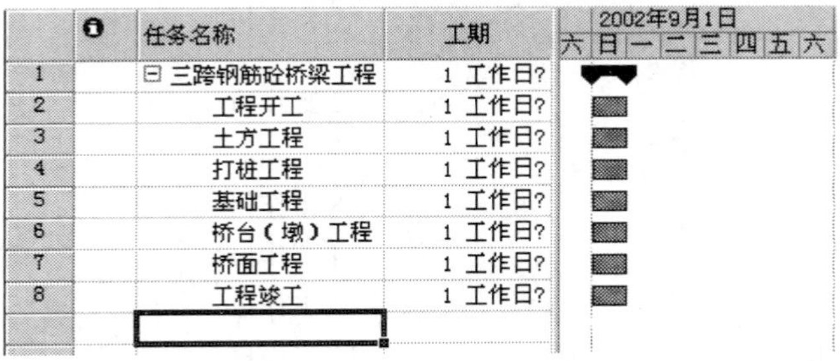

	❶	任务名称	工期	2002年9月1日 六 日 一 二 三 四 五 六
1		⊟ 三跨钢筋砼桥梁工程	1 工作日?	
2		工程开工	1 工作日?	
3		土方工程	1 工作日?	
4		打桩工程	1 工作日?	
5		基础工程	1 工作日?	
6		桥台（墩）工程	1 工作日?	
7		桥面工程	1 工作日?	
8		工程竣工	1 工作日?	

图 4-28　"桥梁工程"项目的阶段划分

5．输入详细的工作划分

上面仅仅将项目划分为几个阶段，对于制定实施性的项目进度计划而言显得过于粗糙，需要进一步加以细化。例如，本项目中，土方工程又可以细分为 A 段土方工程（简称土方 A，下同）、B 段土方工程、C 段土方工程和 D 段土方工程。

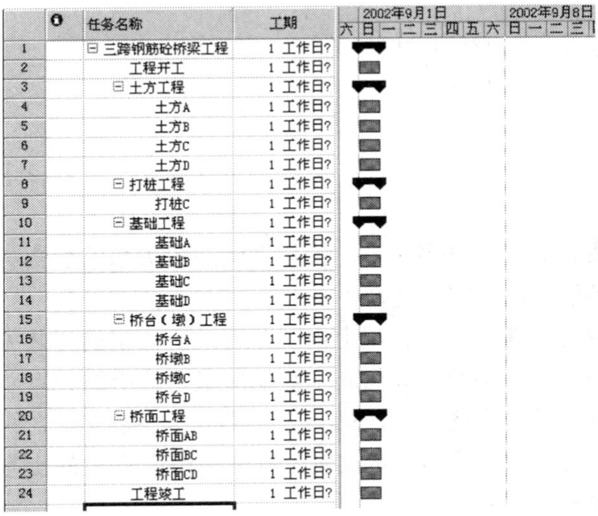

	❶	任务名称	工期	2002年9月1日 六 日 一 二 三 四 五 六	2002年9月8日 日 一 二 三
1		⊟ 三跨钢筋砼桥梁工程	1 工作日?		
2		工程开工	1 工作日?		
3		⊟ 土方工程	1 工作日?		
4		土方A	1 工作日?		
5		土方B	1 工作日?		
6		土方C	1 工作日?		
7		土方D	1 工作日?		
8		⊟ 打桩工程	1 工作日?		
9		打桩C	1 工作日?		
10		⊟ 基础工程	1 工作日?		
11		基础A	1 工作日?		
12		基础B	1 工作日?		
13		基础C	1 工作日?		
14		基础D	1 工作日?		
15		⊟ 桥台（墩）工程	1 工作日?		
16		桥台A	1 工作日?		
17		桥墩B	1 工作日?		
18		桥墩C	1 工作日?		
19		桥台D	1 工作日?		
20		⊟ 桥面工程	1 工作日?		
21		桥面AB	1 工作日?		
22		桥面BC	1 工作日?		
23		桥面CD	1 工作日?		
24		工程竣工	1 工作日?		

图 4-29　"桥梁工程"项目的工作分解结构

要输入某个阶段的详细工作划分，需先将光标移到该阶段名称的下一行，按下 Insert 键，在插入的空白行中输入工作名称，输完后按下回车键。再次按下 Insert 键即可输入下一项工作，直至完成该阶段中所有工作名称的输入。然后利用鼠标拖动选中这些工作名称，再单击工具栏中的 ➡ 按钮，即可得到所需的层次结构。

各阶段所有的工作输入完毕后，屏幕上将显示图 4-29 所示的项目工作分解结构。此后，用户可以通过单击摘要任务前的 ⊞ 符号来显示子任务，⊟ 符号来隐藏子任务。

6．输入工作的持续时间（即工期）

工作持续时间的估算十分重要，它最终决定了进度计划的准确性。因此，在可能的情况下，应事先同有经验的管理人员或计划的实际执行者协商，再确定出工作的持续时间。

本实例工程中，各工作的持续时间确定如下。这里，"工程开工"和"工程竣工"这两项的持续时间均为 0，表示它们是里程碑，用于指明项目实施中的两个重要事件。

三跨钢筋混凝土桥梁工程

工程开工	0 工作日
土方工程	
土方 A	4 工作日
土方 B	2 工作日
土方 C	2 工作日
土方 D	5 工作日
打桩工程	
打桩 C	12 工作日
基础工程	
基础 A	8 工作日
基础 B	4 工作日
基础 C	4 工作日
基础 D	10 工作日
桥台（墩）工程	
桥台 A	16 工作日
桥墩 B	8 工作日
桥墩 C	8 工作日
桥台 D	20 工作日
桥面工程	
桥面 AB	12 工作日
桥面 BC	12 工作日
桥面 CD	12 工作日
工程竣工	0 工作日

7. 确定并输入工作之间的逻辑关系

所谓逻辑关系是指各工作之间相互依赖的先后顺序关系。工作之间逻辑关系的恰当与否直接决定了进度计划的可信度，因此必须予以足够的重视。

在确定各工作之间的逻辑关系时，主要应考虑：①客观上由工艺要求所决定的工艺关系。比如先砌墙，后吊楼板。这种关系是不可颠倒的。②由施工组织所确定的组织关系。比如在支模、绑筋、浇混凝土三项工作分两段流水施工时，第一段支模与第二段支模之间存在着先后的顺序关系，这是劳动力流水要求的。再如，本实例工程中，桥墩 C 处的土方开挖与打桩这两项工作也有着先后的顺序关系。

本实例工程项目中，各工作之间的逻辑关系确定如图 4-30 所示，所有的逻辑关系均是 FS（结束—开始）类型。利用在甘特图中拖动鼠标指针，可快速输入工作间的逻辑关系（FS 类型）。具体来说，就是先将鼠标指针指向代表紧前工作（如土方 A）的条形图中间，然后按下鼠标左键并将鼠标指针拖动到代表紧后工作（如基础 A）的条形图上，即可在这两项工作之间建立起 FS 类型的逻辑关系。

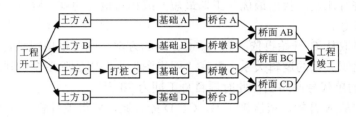

图 4-30 实例工程项目中工作间的逻辑关系图

8. 检查和调整工作间的逻辑关系

利用 Project 2000 中所提供的"网络图"视图,用户不仅可以直观地检查上面输入的工作间的逻辑关系是否正确,而且可以方便地调整、增加或删除工作间的逻辑关系。

在"网络图"视图中,为了在计算机屏幕上显示尽可能多的节点以便于操作,可以让节点方框内仅包含工作名称,并且使用较为紧凑的版面,这可通过"格式"菜单中的"方框样式"和"版式"这两个命令来设定。

当用户打开"网络图"视图,并完成节点方框和版面的有关设定后,就可以在计算机屏幕上看到图 4-31 所示的单代号网络图了。

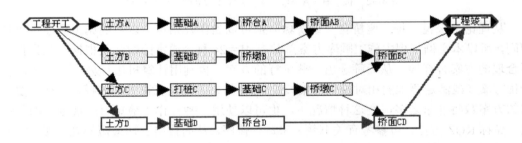

图 4-31 实例项目的单代号网络图

在甘特图中,可以看到"三跨钢筋混凝土桥梁工程"这个摘要任务此时的工期为 47 天,也就是说项目的总工期为 47 天,满足项目的工期要求(即不得超过 75 天)。但在实际工程中,上面的这个计划安排是否可行呢?这个问题必须要搞清楚,否则制定出来的计划将是一纸空文,对施工没有什么指导意义。

不难看出,按照上面的计划组织施工时,同类工作(如挖土)基本上都是平行施工,因此工期最短(只有 47 天),但是施工中所需要的资源数量也最大,成本也最高。因此,这个计划只有在要求工程集中力量加快进度,而且资源不受限制时才是可行的。

在实际工程中,制定计划时,必须要考虑资源限制等实际条件,这样才能编制出符合实际施工需要的进度计划。对本实例项目来说,同类工作(如挖土、基础等)可使用一个班组,采用流水施工,这样可大大降低资源的需要量。在组织流水施工时,就需要考虑流水的方向,即考虑如何合理安排工程各部位之间施工的先后顺序。在本实例项目中,某项工作(如挖土)其施工顺序可以先从桥台 A 开始,然后依次向 B、C、D 转移;也可以从 D 开始,依次按 C、B、A 的顺序施工;或者是从 B 开始,然后再施工 A、C、D 等等。显然,按照不同的施工顺序组织施工,项目的总工期也会不同。因此,就需要对施工顺序不同的多种施工方案进行比选，找出最优（工期最短）或相对最优的施工顺序，然后按照此施工顺序编制进度计划。

如果考虑采取从 B 开始再依次做 A、C、D 的方案，则可以使用甘特图在有关工作之间添加代表此组织关系的逻辑关系，并在"网络图"视图中删除多余的逻辑关系。即可得到图 4-32 所示的单代号网络图，此时项目总工期为 70 天。

同样，考虑从 A 开始，依次施工 B、C、D 的方案，可得项目总工期为 76 天；考虑从 C 开始再施工 D、B、A 的方案，可得项目总工期为 81 天；考虑从 D 开始再施工 C、B、A 的方案，可得项目总工期为 79 天。读者可以自己动手尝试一下，这里不再赘述。

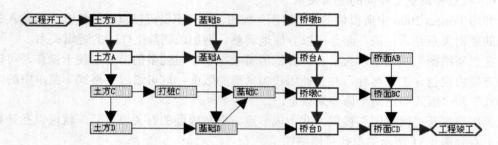

图 4-32   按"B→A→C→D"顺序安排的单代号网络图

从理论上来说，每一座桥台（或桥墩）都可以当作开始点，以后的施工顺序也可各不相同，所以本实例工程中施工顺序方案总共有 4!＝24 种。通常的做法是根据经验先把明显不合理的方案舍弃掉，从而筛选出一些可行的方案，再利用计算机进行分析和比较，找出最优方案（或满足要求的相对最优方案）。当然，如果工程具有很大的规模，那么需要列举出的方案数将非常之多，在这种情况下，也可以使用一种称作"最短时间规则"的优化方法（简称 KOZ 方法，可参考有关书籍）来进行排序，从而找出工期最短的施工顺序，然后按此施工顺序制定进度计划。

在本实例项目中，按"B→A→C→D"顺序安排施工的方案，项目总工期为 70 天，是所列出的方案中工期最短的一个，并且也满足工期要求（不得超过 75 天），因此可以按照这一相对最优的方案来制定进度计划。

9. 将计划保存为基准计划

在对进度计划的各方面都满意后，应选择"工具"菜单中的"跟踪"子菜单，然后单击"保存比较基准"命令，利用打开的"保存比较基准"对话框将已制定好的计划设置为基准计划，以便计划执行过程中同项目的实际进展进行比较，从而及时发现进度偏差并采取措施加以解决；同时也有助于了解项目实施后的计划变动情况，从而为将来给类似的项目制定更加准确的计划积累了宝贵的经验资料。

最后，还应当选择"文件"菜单中的"保存"命令或单击工具栏中的"保存文件"按钮▣，根据屏幕提示为该进度计划命名并储存到磁盘上。

10. 打印报告

利用 Project 2000 可以打印出符合要求的各种图形和报表，以满足计划交流与贯彻实施的需要。在打印前，应通过单击工具栏中的"打印预览"按钮▣预览最终的打印效果。同时，在"打印预览"窗口中，还可以通过单击"页面设置"按钮来调整打印方向和大小、编辑页眉、页脚和图例以及设置要打印的内容和打印选项等。

经过上述的 10 个步骤，利用 Project 2000 就完成了实例中三跨钢筋混凝土桥梁工程项目进度计划的编制工作。在计划的编制过程中，还综合考虑了项目的工作分解结构、工作的持续时间和工作之间的逻辑关系，尝试了利用计算机进行施工方案的比选，并进行了进度计划的保存、报告的打印输出等工作。相信通过本实例的学习，读者应对利用 Project 2000 编制进度计划有了一定的了解，并能够逐步应用到所承担的施工项目上，编制出自己的进度计划。

第六节　工程项目计划管理系统 TZ-Project 7.2

一、概述

TZ-Project 7.2 是大连同洲电脑有限责任公司最新推出的项目管理软件，利用它项目管理人员不仅可以快速完成计划的制定工作，而且能够对项目的实施实行动态控制。该软件结构功能设计合理，使用方便，实用性强，是一款不错的国产项目管理软件，在国内有着较为广泛的应用，它具有如下的功能和特点：

1. 网络计划编制功能

（1）用户只需在工作信息表内输入工作及相互之间的逻辑关系，系统便能自动生成横道图和单、双代号网络图；

（2）用户可直接在单、双代号网络图上添加、修改或删除工作，建立或删除各工作之间的逻辑关系，操作轻松、准确、方便灵活；

（3）自动生成各工作间的关系网络结构，自动布图，能准确处理各种搭接网络关系、中断和强制时限，具有倒排功能，能够胜任各种复杂的网络计划；

（4）能够根据工程量的情况推算工作持续时间的准确性，并具有自动纠错功能，操作中可自动检查回路和冗余关系，从而辅助用户制定出正确的计划；

（5）能快速完成复杂的时间参数计算及布图工作，且具有单起单终与多起多终转换功能；

（6）提供方便的流水网络功能；

（7）三级网络及子工程结构可处理各种复杂工程，便于网络计划的互联与扩展；

（8）时间计算可精确至小时，使项目计划适于不同的实际情况；

（9）多种时间显示方式，查看计划简单方便；

（10）图形可视化动态调整，支持快捷菜单操作，方便用户使用；

（11）提供横道图、单代号网络图、双代号时标网络图（等距、不等距时标）、双代号网络图（无时标）、资源强度及费用强度曲线（可与横道图、双代号网络图同屏显示）以及各种资源的统计报表；

（12）具有所见即所得的打印输出功能，打印机或绘图仪的型号、纸型、线型、边距、字体、颜色等可根据需要进行设定。

2. 网络计划动态调整功能

（1）能够根据工作的实际完成情况，自动输出进度前锋线，动态跟踪进度；

（2）可预测后续计划，便于对进度进行调整；

（3）能分析某一工作的超前或落后对整个项目计划进度的影响情况，便于控制工期；

（4）能通过计划与实际的对比，输出横道图，实时地控制进度；

（5）跟踪进度计划，可生成中期计划，为下期任务量的分配做准备。

3．资源优化功能

（1）能够进行资源有限优化和资源均衡优化；

（2）可输出资源强度曲线及消耗报表；

（3）具备资源预警功能，便于在资源冲突时及时调整计划；

（4）能够生成资源使用情况报表，对资源在具体时间段内的使用数量，进行统计汇总。报表数据可形成文本文件，便于同 Excel 接口；

（5）可从概预算软件中，直接读取定额来为工作分配资源，从而减少资源的录入量，提高资源考核的准确度。

4．费用管理功能

（1）能够统计分析计划的直接费用、间接费用、预算费用和其他相关费用情况；

（2）可输出费用强度曲线及相应的报表；

（3）能够统计分析出工程项目的最终费用情况，为整个工程的成本控制提供依据。

5．日历管理及系统安全机制

（1）根据需要能够方便地指定工程日历中的工作日和休息日，并能自动换算日历时间；

（2）具有系统保密、口令设置及导引功能。

6．分类剪裁输出功能

根据工程的实际需要，可按工程项目的不同性质，如：关键工作、在建项目、某时间段内的工作或由某施工单位承担的工作等等进行查看和输出，有助于计划的上传下达和掌握工程的进展情况。

7．可扩展性

（1）提供数据库和正文文件接口，适合二次开发和系统互连；

（2）系统文件格式丰富，可生成 DBF 和 XLS 两种数据格式，便于用户使用；

（3）可读取概预算软件生成的数据，便于为工作挂接定额、分配定额及资源消耗量，从而达到简化项目管理软件使用的目的；

（4）可与该公司开发的项目管理系列软件中的其他软件进行无缝连接、互相调用。

二、利用 TZ-Project 7.2 制定进度计划

下面仍以本章第五节中的三跨钢筋混凝土桥梁工程作为例子，来介绍使用 TZ-Project 7.2 制定项目进度计划的具体操作步骤。

（一）工程项目信息的设定

TZ-Project 7.2 启动后会直接打开"系统向导"对话框（如图 4-33 所示），其中包括"打开上次工程文件"和"开始一新工程或打开其他工程文件"两个选项。若用户直接单击"确认"按钮，则系统会自动打开上次使用的工程文件，以方便用户的操作。若用户需要新建一个工程文件或打开其他的工程文件，则需先选择"开始一新工程或打开其他工程文件"选项，

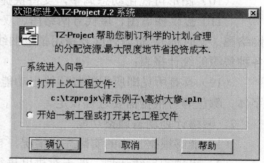

图 4-33　"系统引导"对话框

然后再单击"确认"按钮。

本实例中，我们需要新建一个工程文件，因此，首先应选"开始一新工程或打开其他工程文件"选项，然后单击"确认"按钮。系统会打开"创建或打开工程文件"对话框，要求输入或选择工程文件名，在此输入新的工程文件名"三跨桥"（注意不要与已有的工程文件重名），则系统会询问是否创建该工程文件，单击"是"则会打开"工程项目信息"对话框（如图 4-34 所示）。在此对话框中，可以输入工程名称、单位名称、项目编号、工程的开始时间（如果选择了"按结束时间排定"选项则需输入工程的结束时间）、备注等内容，并能指定计划是"按开始时间排定"（即顺排计划）还是"按结束时间排定"（即倒排计划），以及"工作时间单位"（有"日"、"周"、"月"、"小时"四种，如果选择"月"，则还需指定月的计算方法）、"费用单位"（有"元"、"万元"、"百万元"、"美元"、"万日元"、"港元"、"法郎"、"马克"、"英镑"等几种单位）和计算时是否考虑最迟强制时限。对于本实例项目，输入工程名称、单位名称、工程的开始时间"2002/09/01"和备注，其他均采用默认值，然后单击"确认"按钮，系统会自动进入工作信息表输入界面（如图 4-35 所示）。

除了一开始就进行工程项目信息的设定外，也可以在其他时候通过选择"设定"菜单中的"工程项目信息设定"命令或单击工具栏中的"工程项目信息设定"按钮 ▣ 来打开"工程项目信息"对话框，进行有关工程项目信息的设定或修改。

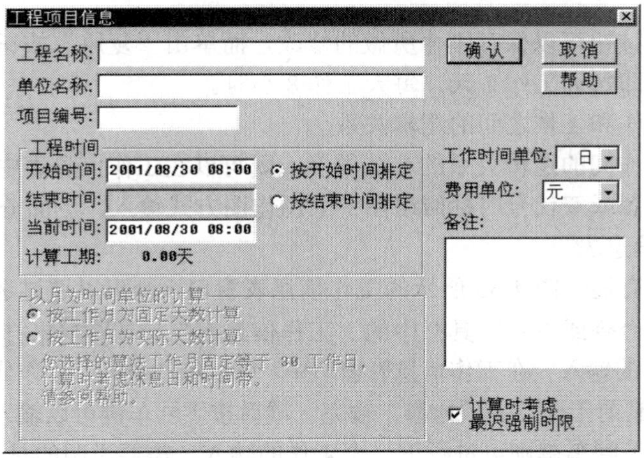

图 4-34 "工程项目信息"对话框

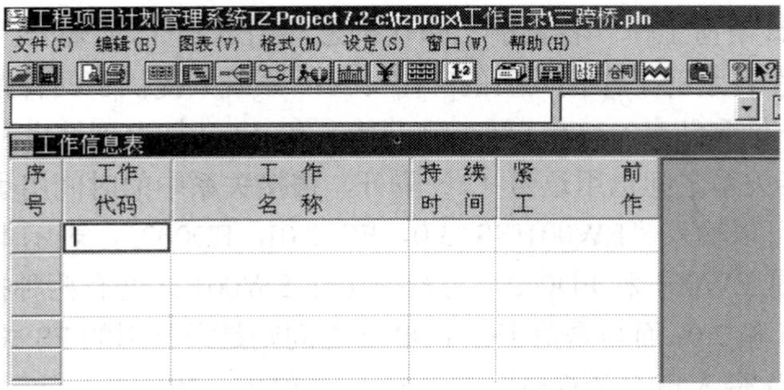

图 4-35 "工作信息表"窗口

（二）修改项目的工作日历

项目默认的工作日历为每周工作 7 天，每天工作 8 小时（上午 8:00 至 12:00，下午 13:00 至 17:00）。如果与项目的实际情况不符，则可以通过选择"设定"菜单中的"日历编辑"

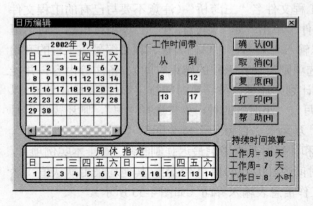

图 4-36　"日历编辑"对话框

命令或单击工具栏中的"日历文件编辑"按钮来打开"日历编辑"对话框（如图 4-36 所示），对项目的工作日历进行修改。

使用鼠标在对话框左上角的日历窗口内单击日期数字，则该日会由工作日（黑字表示）状态变为休息日（红字表示）状态，再单击一次又会回到原来的工作日状态，如此可反复进行。若要指定一周或二周（此时会有大小周之分）中的某天（如周日）为休息日，则可用鼠标单击周休设定窗口内相应的星期标签（或日期数字）。此外，还可以对工作时间带进行设定，时间带最多可设成三段，时间范围为 0~24。

单击"确认"按钮可以保存刚才所做的修改，而单击"复原"按钮，则会使工作日历恢复到默认状态，即每周工作 7 天，每天工作 8 小时。

（三）输入工作和工作之间的逻辑关系

输入工作和工作间的逻辑关系的方法很多，既可以在工作信息表中进行表格输入，也可以在单代号网络图或双代号时标网络图中采用作图方式输入，下面分别予以介绍。

1.　使用工作信息表

如果屏幕上没有显示图 4-35 所示的工作信息表窗口，则可以通过选择"图表"菜单中的"工作信息表"命令或单击工具栏中的"工作信息表"按钮来打开它。

（1）工作信息的输入　在工作信息表窗口中，可以依次输入"工作代码"、"工作名称"、"持续时间"和"紧前工作"等项内容，输完一项后按下回车键可以输入下一项内容，最后一项输入完毕后按下回车键则可进行下一个工作的输入。需要说明的是，"工作代码"项必须输入且不能重复，它可以由字母、数字或一些特殊符号（如连字符-、下划线_、斜线/）组成，最多 10 位；"紧前工作"项中，紧前工作用工作代码表示，如果尚未输入该紧前工作，则系统会自动生成该紧前工作。各紧前工作代码之间用逗号（,）隔开。本工作与各紧前工作之间的搭接关系在各紧前工作代码后的[　]中表示，系统共提供了四种搭接关系，即 SS（开始到开始）、SF（开始到结束）、FS（结束到开始）和 FF（结束到结束）关系，默认为最常用的 FS 关系。搭接关系之间也用逗号（,）隔开，搭接关系中的时间用小数表示。例如，在"紧前工作"项中可以输入"EW001[SS+3.0, FF+2.0], FD002"，表示本工作有两个紧前工作，工作代码分别是 EW001 和 FD002，与紧前工作 EW001 之间有两种搭接关系 SS 和 FF，搭接时间分别为 3.0 和 2.0；而与紧前工作 FD002 之间则是最常用的 FS 关系，没有搭接时间。

如果需要给工作输入更多的详细信息，比如工程量、施工单位等，则需要在工作信息表中增加相应的输入栏目，或者使用"工作卡片"对话框（如图 4-37 所示）：单击"格式"

菜单（或在工作信息表上单击鼠标右键后打开的快捷菜单）中的"信息栏目选择"命令，在打开的"信息栏目选择"对话框（如图 4-38 所示）中即可选取需要在工作信息表中增加的输入栏目；而在表格中工作所在行上双击鼠标左键（或选择"图表"中的"工作卡片"命令，或单击工具栏中的"工作卡片"按钮 ，则可打开"工作卡片"对话框。在"工作卡片"对话框中，通过单击 >> 、 << 按钮，就可以输入其他工作的有关信息。

图 4-37　"工作卡片"对话框　　　　　图 4-38　"信息栏目选择"对话框

（2）工作的插入与删除　在输入工作的过程中，通过选择"编辑"菜单（或在工作信息表上单击鼠标右键后打开的快捷菜单）中的"插入"命令可在当前行（即光标所在行）前插入一个空白行，而选择"编辑"菜单（或快捷菜单）中的"删除"命令则可删除当前行。

（3）多个工作的移动、复制与删除　在工作信息表中，按住 F2 键，选中多个工作，再按住鼠标右键进行拖动即可将这些工作移动到新的位置；若鼠标指针指向所选中的任一工作后按住鼠标左键进行拖动则可将这些工作复制到新的位置；若按下 Delete 键将删除所选中的这些工作。

实例项目中所有的工作输入完毕后，屏幕上的工作信息表将如图 4-39 所示，非关键工作以黑色表示，而关键工作则以醒目的红色加以表示。

2. 使用单代号网络图

首先应选择"图表"菜单中的"单代号网络图"命令或单击工具栏中的"单代号网络图"按钮 来打开单代号网络图窗口，然后还可以根据需要和使用习惯，使用"格式"菜单对单代号网络图的有关格式进行设置，例如可选择"字体及间距调整"命令来打开"单代号字体及间距调整"对话框，设定行列间距及字体大小，等等。

（1）工作的添加与删除　在单代号网络图中，使用鼠标左键双击某空白区域，将增加一个代表工作的节点，节点中工作的持续时间为 1，时间单位采用当前值，工作代码由

序号	工作代码	工作名称	持续时间	紧前工作
1	TF001	土方A	4.0	TF002
2	TF002	土方B	2.0	
3	TF003	土方C	2.0	TF001
4	TF004	土方D	5.0	TF003
5	DZ001	打桩C	12.0	TF003
6	JC001	基础A	8.0	TF001,JC002
7	JC002	基础B	4.0	TF002
8	JC003	基础C	4.0	DZ001,JC004
9	JC004	基础D	10.0	TF004,JC001
10	QD001	桥台A	16.0	JC001,QD002
11	QD002	桥墩B	8.0	JC002
12	QD003	桥墩C	8.0	JC003,QD001
13	QD004	桥台D	20.0	JC004,QD003
14	QM001	桥面AB	12.0	QD001
15	QM002	桥面BC	12.0	QD003,QM001
16	QM003	桥面CD	12.0	QD004,QM002

图 4-39

系统自动生成；如果在按住 Shift 键的同时，使用鼠标左键双击某空白区域，则会将选中的工作（单击代表某工作的节点，即可选中该工作，同时节点变为反像显示）复制到此处（但不复制工作代码和逻辑关系）；如果将鼠标指针指向某工作的节点上，按下鼠标左键拖拉至空白区域，则会生成代表该工作的紧后工作的节点和代表它们之间逻辑关系的连线。同时，在任何节点上双击鼠标左键，则会打开图 4-37 所示的"工作卡片"对话框，在该对话框中可以输入或修改工作名称、施工单位等有关信息。

要删除一个工作，需先单击代表该工作的节点，选中该工作（工作节点变为反像显示），然后在该工作的节点上双击鼠标右键或直接按下 Delete 键，将出现确认删除的对话框，单击"确定"后即可从图中删除该工作。

此外，还可以将图中的任何工作移动到新的位置，具体操作方法是：将鼠标指针指向某工作的节点框内，按下鼠标右键拖动可将该节点框移动到指定位置。

（2）工作间逻辑关系的添加与删除　利用单代号网络图，可以很直观、方便地输入工作间的逻辑关系：将鼠标指针指向代表紧前工作的节点框内，按下鼠标左键拖动至代表紧后工作的节点框内，再松开鼠标左键，即可在两个工作之间建立起最常用的 FS 类型的逻辑关系，屏幕上两节点框之间将会显示代表逻辑关系的一条连线。如果需要输入其他类型的逻辑关系或对已有的逻辑关系进行修改，则可以使用图 4-37 所示的"工作卡片"对话框。另外，在单代号网络图中，删除工作间已有的逻辑关系也很直观、方便：将鼠标指针指向紧前工作节点框内，按下鼠标左键拖动至紧后工作节点框内，再松开鼠标左键，则出现确认删除当前关系的对话框，单击"确定"按钮，两工作间的逻辑关系被删除，屏幕上两节点框间的连线消失。

（3）多个工作的移动、复制与删除　如果要对多个工作同时进行移动、复制或删除操作，则应按住 F2 键（直至操作完成）选中要操作的多个工作，选好后：

1）将鼠标指针指向所选中的任一个工作，按下鼠标右键并拖动到指定位置后，松开鼠标右键则可将这些工作移动到新的位置；

2）将鼠标指针指向所选中的任一个工作，按下鼠标左键并拖动到指定位置后，松开鼠标左键则可将这些工作复制到新的位置；

3）按下 Delete 键，则可删除所选中的多个工作。

（4）流水网络功能　通过使用系统所提供的流水网络功能，可以快速生成流水网络计划。具体操作方法是：首先按住 F2 键，选中要进行流水施工的工作，然后选择"编辑"菜单（或在图中空白区域单击鼠标右键后弹出的快捷菜单）中的"流水网络"命令（注意操作中需一直按住 F2 键），在打开的"流水层数设定"对话框（如图 4-40 所示）中输入流水网络的层数（即流水段数），确认后系统会自动生成流水网络计划。

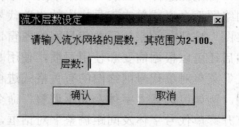

图 4-40　"流水层数设定"对话框

（5）重新布置网络图　为了使单代号网络图整齐有序，便于检查和调整工作之间的逻辑关系，可以选择"格式"菜单中的"布图"命令或单击工具栏中的"重新布网络图"按钮 **L** 让系统自动布置单代号网络图。

此外，为了在屏幕上显示尽可能多的节点，以方便操作，可以选择"格式"菜单中的

"缩小显示"命令,则工作节点框内将只显示工作代码(如图 4-41 所示)。要使单代号网络图重新回到正常显示状态,只需选择"格式"菜单中的"正常显示"命令即可。

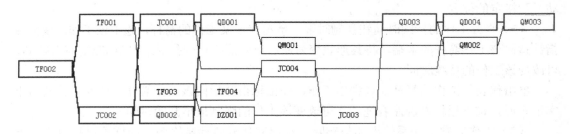

图 4-41　缩小显示后的单代号网络图

3. 使用双代号时标网络图

首先应选择"图表"菜单中的"双代号时标网络图"命令或单击工具栏中的"双代号时标网络图"按钮 来打开双代号时标网络图窗口(如图 4-42 所示),然后还可以根据需要和使用习惯,使用"格式"菜单对双代号时标网络图的有关格式进行设置,例如可选择"节点显示数字"命令来打开/关闭节点圆圈中的数字显示,也可选择"双代号设置"命令来打开"双代号设置"对话框,设定行列间距、局部缩放、是否显示工作代码等内容,等等。

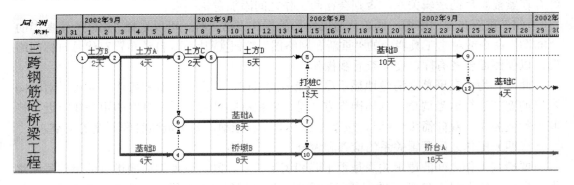

图 4-42　"双代号时标网络图"窗口

(1)工作的添加与删除　在双代号时标网络图中,按住 Ctrl 键,然后使用鼠标左键双击某空白区域,将增加一个工作,其持续时间为 1,时间单位采用当前值,工作代码由系统自动生成。如果要给图上的某个工作添加一个紧后工作,那么需先单击代表该工作的箭杆,选中该工作(箭杆变为反像显示),然后按住 Ctrl 键(直至操作完成),使鼠标指针指向工作箭杆的末端,待鼠标指针变为 形状后,按下鼠标左键拖动,拖动过程中始终有一个黄色背景的浮动窗口显示提示信息,松开鼠标左键,则生成一个新工作,它是刚才选中的工作的紧后工作,新工作的持续时间由拖动距离的长短决定,拖动过程中按下鼠标右键(注意不得松开鼠标左键)或放开 Ctrl 键,将取消操作。同时,使用鼠标左键双击某工作箭杆,在弹出的工作卡片对话框(如图 4-37 所示)中,可以输入或修改该工作的有关信息(如工作名称、工程量、施工单位等)。

要删除一个工作,需先单击代表该工作的箭杆,选中该工作,然后按下 Delete 键,确认后即可将该工作删除。

此外，在工作箭杆上单击鼠标右键并拖动，可将工作箭杆移动（只能上下移动）到指定的位置；在节点（圆圈）上单击鼠标右键并拖动，可将节点（圆圈）移动（只能上下移动）到指定的位置。

（2）修改工作的持续时间和强制时限　单击代表某工作的箭杆，选中该工作，使鼠标指针指向该工作箭杆的末端，待其形状变为左右双向箭头↔时，按下鼠标左键左右拖动，可改变该工作的持续时间。

单击代表某工作的箭杆，选中该工作，使鼠标指针指向该工作箭杆，待其形状变为十字形十时，按下鼠标左键左右拖动，可改变该工作的强制最早开始时间。

（3）工作间逻辑关系的添加与删除　利用双代号时标网络图，同样可以很直观、方便地输入工作间的逻辑关系：按住 Ctrl 键（直至操作完成），单击代表紧前工作的箭杆的前端或中端，待鼠标指针变为 形状后，按下鼠标左键拖动至代表紧后工作的箭杆上，整个拖动过程中屏幕上始终有一条指示用的拖曳线，待鼠标指针变为黄色的 形状后，松开鼠标左键，即可在两个工作之间建立起最常用的 FS 类型的逻辑关系。如果需要输入其他类型的逻辑关系或对已有的逻辑关系进行修改，则可以使用图 4-37 所示的"工作卡片"对话框。

删除工作间逻辑关系的操作方法与添加逻辑关系基本一致，只是两个工作之间必须已经存在紧前紧后的逻辑关系，否则会在两工作之间添加逻辑关系。

（4）重新布置网络图　同单代号网络图的操作方法一样，可以选择"格式"菜单中的"布图"命令或单击工具栏中的"重新布网络图"按钮 让系统自动布置双代号时标网络图，以使图面整齐有序，便于查看和操作。

此外，为了在屏幕上清楚地显示尽可能多的工作，以方便查看和操作，还可以对时间刻度的宽窄进行适当调整。具体操作方法是：将鼠标指针置于时间刻度的短竖线附近，待其形状变为左右双向箭头↔时，按下鼠标左键左右拖动，即可调整时间刻度的宽窄。

（四）工作之间逻辑关系的检查和调整

要检查工作之间的逻辑关系是否正确和满足要求，既可以使用前面进过的单代号网络图，也可以使用图 4-43 所示的双代号网络图。打开双代号网络图窗口的操作步骤是：选择"图表"菜单中的"双代号时标网络图"命令或单击工具栏中的"双代号时标网络图"按钮 ，打开双代号时标网络图窗口，再选择"格式"菜单中"显示时间单位"子菜单下的"非时标"命令，即可打开双代号网络图窗口。

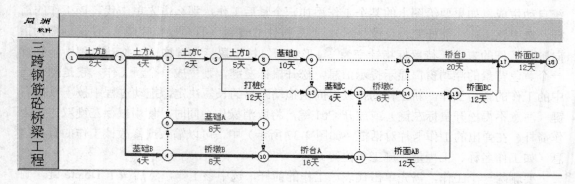

图 4-43　"双代号网络图"窗口

工作之间逻辑关系的调整（如修改、删除、添加等）可以在单代号网络图中进行，也可以在双代号时标网络图中进行，具体如何操作前面已作了介绍，这里不再赘述。

（五）给工作分配资源和费用

在 TZ-Project 7.2 中，资源和费用的管理都是通过"资源费用管理"窗口（如图 4-44 所示）来完成的，该窗口包括"工程级信息"和"作业级信息"两个选项卡，其中"工程级信息"选项卡又包括"项目信息"、"资源信息"和"费用信息"三个子选项卡，"作业级信息"选项卡又包括"进度信息"、"资源信息"、"定额信息"和"费用信息"四个子选项卡。选择"图表"菜单中的"资源费用管理"命令或单击工具栏中的"资源费用处理窗口"按钮 ![icon] 即可打开该窗口，进行有关的操作。

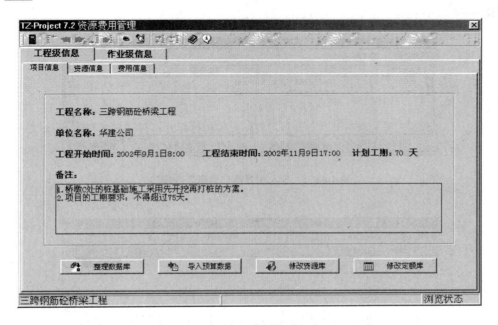

图 4-44 "资源费用管理"窗口

1. 导入预算数据

在 TZ-Project 7.2 中，项目的资源和定额数据除了由用户直接输入以外，还可以从概预算软件生成的接口文件（共两个文件，都是 DBF 文件格式，扩展名分别为.XM 和.XH）中导入，具体的操作方法如下：

首先选中"工程级信息"选项卡，再选中"项目信息"子选项卡（如图 4-44 所示），然后按下"导入预算数据"按钮，将打开"导入预算数据"（如图 4-45 所示）对话框，单击 ![icon] 按钮选择要导入的预算接口文件，再按下"从头做起"按钮（如果曾经做过导入预算数据的工作，则可以按"继续"按钮接着进行上次未完的导入工作），将会打开图 4-46 所示的"导入预算接口数据"主窗口。

在"导入预算接口数据"主窗口中，用户可以将预算项目中的多条定额项（有工程量的记录）分配到一个工作上，或将一条定额项分配到多个工作上。具体操作方法是：在"预算项目"选项卡上选中要分配的定额项（单击表格第一列，使要选的记录出现星号），再在"工作表"选项卡上选中要分配的工作，然后单击"分配"按钮，将打开图 4-47 所示的"导

导入预算数据
预算接口文件：
从头做起
继 续
取 消

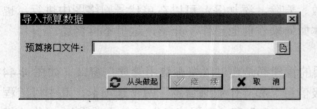

图 4-45 “导入预算数据”对话框

入预算接口数据”子窗口，在子窗口中可以输入或指定分配数量，单击“确认”按钮完成此次分配，回到主窗口。若分配过程中出现了错误，可以选中出错的定额项或工作，按“回收”按钮把分配出去的定额项回收。此外，单击“清选取标记”按钮可以将当前表格上的所有选取标记（第一列上的星号）清空；双击预算项目表上的某定额项可以显示该定额的资源明细和分配情况；双击工作表上的某工作可以显示该工作的定额和资源明细（如图 4-48 所示）。

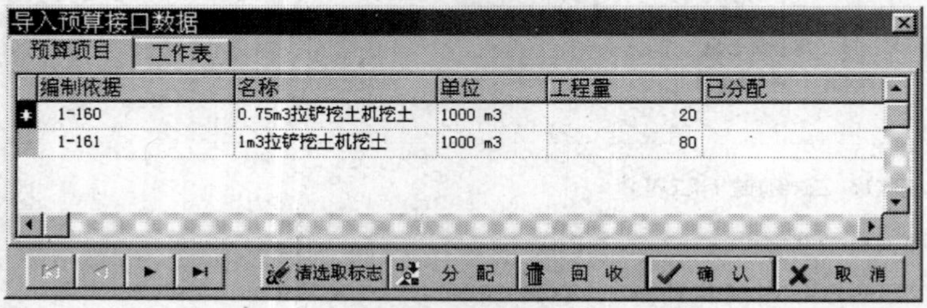
导入预算接口数据
预算项目
工作表
编制依据
名称
单位
工程量
已分配
1-160
0.75m3拉铲挖土机挖土
1000 m3
20
1-161
1m3拉铲挖土机挖土
1000 m3
80
清选取标志
分 配
回 收
确 认
取 消

图 4-46 “导入预算接口数据”主窗口

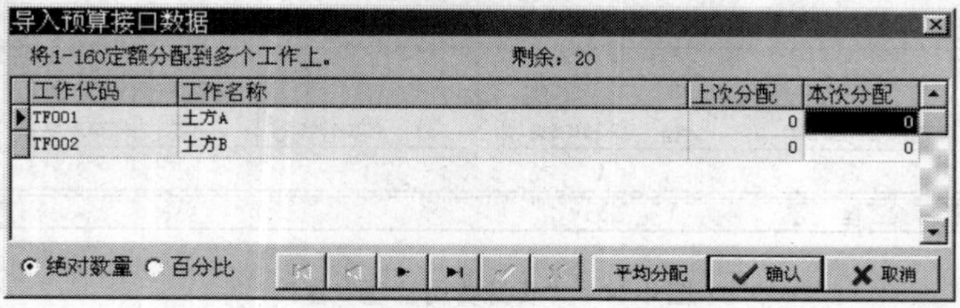
导入预算接口数据
将1-160定额分配到多个工作上。
剩余：20
工作代码
工作名称
上次分配
本次分配
TF001
土方A
0
0
TF002
土方B
0
0
绝对数量
百分比
平均分配
确认
取消

图 4-47 “导入预算接口数据”子窗口

定额分配完成后，在图 4-46 所示的“导入预算接口数据”主窗口中单击“确认”按钮保留导入结果和定额的分配情况，或者单击“取消”按钮放弃所做的导入工作。

特别需要注意的是，执行导入预算数据的操作将会造成先前输入的资源和定额数据全部丢失。因此，最好一开始就进行导入预算数据的工作。

2．资源库的修改与维护

单击“工程级信息”选项卡中的“项目信息”子选项卡（如图 4-44 所示）下的“修改资源库”按钮，将进入“资源维护与修改”的操作界面（如图 4-49 所示），在这里就可以进行资源的添加、删除或修改等操作。注意，操作前需要单击工具栏中的“切换到修改状态”按钮，将资源库切换到修改状态，此时“转入”按钮和工具栏中的“添加记录”按钮、“删除记录”按钮由灰色的不可用状态变为彩色的可用状态，最下面的状态栏中将显示“修改状态”的提示信息。

图 4-48　工作"土方 B"上的资源分配情况

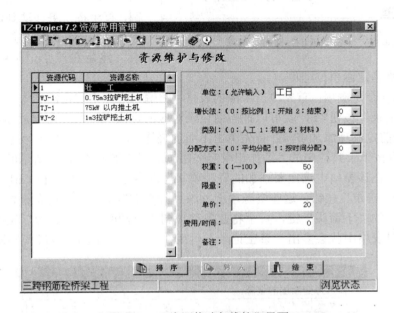

图 4-49　"资源修改与维护"界面

另外，还可以从其他计划文件的资源库转入资源数据，具体操作方法是：单击"转入"按钮，打开"转入其他计划文件的资源库"对话框（如图 4-50 所示），再单击"浏览"按钮选择要转入其资源库的计划文件，并设置好适当的转入方式（有完全覆盖、保留性追加、覆盖性追加三种方式），然后单击"确定"按钮就可以将选定的计划文件中的资源库转入进来了。

3．定额库的修改与维护

单击"工程级信息"选项卡中的"项目信息"子选项卡（如图 4-44 所示）下的"修改定额库"按钮，将进入"定额维护与修改"的操作界面（如图 4-51 所示），上面的表格是当前计划文件的定额库，下面的表格是该定额库中当前定额项所带的资源。在这里就

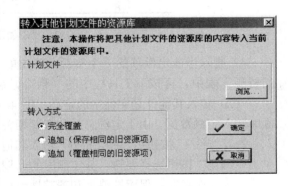

图 4-50　"转入其他计划文件的资源库"对话框

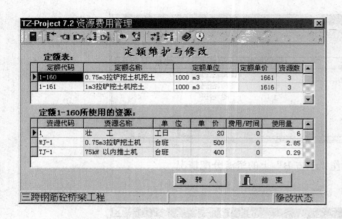

图4-51 "定额维护与修改"界面

可以进行定额的添加、删除或修改等操作。注意，同资源库的修改一样，操作前也需要将定额库切换到修改状态，这里不再赘述。

（1）定额的添加、删除与修改：

1）添加一个定额项：首先单击上面的表格，将输入焦点定在定额表中，再按下工具栏中的"添加记录"按钮■（或者按住键盘上的"下箭头"键，直至将蓝条移动到最后一条记录之后），定额表中就会多出一条空记录，然后在该空记录中输入定额代码、定额名称和定额单位即可。

2）删除一个定额项：首先单击上面的表格，将输入焦点定在定额表中，再按下工具栏中的"删除记录"按钮■，就可以把当前记录对应的定额项（称当前定额项）删除。

3）为当前定额项添加资源：首先单击下面的表格，将输入焦点定在"定额所使用的资源"表中，再按下工具栏中的"添加记录"按钮■，就会弹出图4-52所示的"添加定额的资源"窗口。在该窗口中选定要添加的资源项（可以多选，方法是按住Ctrl键，再用鼠标选择），单击"确定"按钮，这些资源项就被添加到当前定额项上。还有一种操作方法，就是按住键盘上的"下箭头"键，直至将蓝条移动到"定额所使用的资源"表中最后一条记录之后，此时表格中就会多出一条空记录，然后在该空记录中输入资源代码即可。

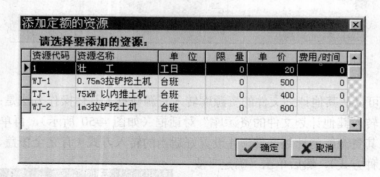

图4-52 "添加定额的资源"窗口

4）删除当前定额项的一个资源：首先单击下面的表格，将输入焦点定在"定额所使用的资源"表中，再按下工具栏中的"删除记录"按钮■，就可以把当前资源项删除。

（2）转入其他计划文件中的定额：图4-51中的"转入"按钮用于从其他计划文件的定额库转入定额数据。由于定额总是和资源相关联，因此在转入定额过程中也要进行资源的转入。单击"转入"按钮后，将会打开"转入其他计划文件的定额库"对话框（如图4-53所示），单击"浏览"按钮选择要转入其定额库的计划文件，并设置好适当的转入方式（定额的转入方式分为完全覆盖、保留性追加和覆盖性追加三种，当选择后两种转入方式时，还需要设置资源的转入方式），然后单击"确定"按钮就可以将选定的计划文件中的定额库转入进来了。

4．给工作分配定额和资源

前面已经讲过，在导入预算数据时，可以给工作分配预算项目中的定额。但要给工作分配由用户直接输入的或从其他计划文件中转入的定额或资源，就需要使用"资源费用管理"窗口中的"作业级信息"选项卡（如图 4-54 所示）了。利用该选项卡中的"进度信息"、"资源信息"和"定额信息"这三个子选项卡，

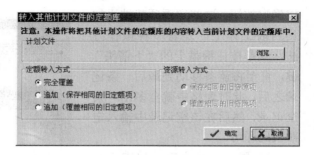

图 4-53　"转入其他计划文件的定额库"对话框

不仅可以给工作分配由用户直接输入的或从其他计划文件中转入的定额或资源，而且可以给工作重新分配预算项目中的定额。下面将介绍具体的操作方法。注意，同资源库和定额库的修改一样，操作前也需要将工作分配信息数据库切换到修改状态，这里不再赘述。

工作代码	工作名称	持续时间	可能最早开始的时间	可能最早结束的时间	计划工程量	实际工程量	剩余工程量
TF001	土方A	4	2002年9月3日8:00	2002年9月6日17:00	0	0	0
TF002	土方B	2	2002年9月1日8:00	2002年9月2日17:00	0	0	0
TF003	土方C	2	2002年9月7日8:00	2002年9月8日17:00	0	0	0
TF004	土方D	5	2002年9月9日8:00	2002年9月13日17:00	0	0	0
DZ001	打桩C	12	2002年9月9日8:00	2002年9月20日17:00	0	0	0
JC001	基础A	8	2002年9月7日8:00	2002年9月14日17:00	0	0	0
JC002	基础B	4	2002年9月3日8:00	2002年9月6日17:00	0	0	0
JC003	基础C	4	2002年9月25日8:00	2002年9月28日17:00	0	0	0
JC004	基础D	10	2002年9月15日8:00	2002年9月24日17:00	0	0	0
QD001	桥台A	16	2002年9月15日8:00	2002年9月30日17:00	0	0	0
QD002	桥墩B	8	2002年9月7日8:00	2002年9月14日17:00	0	0	0
QD003	桥墩C	8	2002年10月1日8:00	2002年10月8日17:00	0	0	0
QD004	桥台D	20	2002年10月9日8:00	2002年10月28日17:00	0	0	0
QM001	桥面AB	12	2002年10月1日8:00	2002年10月12日17:00	0	0	0
QM002	桥面BC	12	2002年10月13日8:00	2002年10月24日17:00	0	0	0
QM003	桥面CD	12	2002年10月29日8:00	2002年11月9日17:00	0	0	0

三跨钢筋砼桥梁工程　　TF001(土方A) 持续时间：4　　修改状态

图 4-54　"作业级信息"选项卡

（1）给工作分配定额或修改工作上已分配的定额　首先在"进度信息"子选项卡（如图 4-54 所示）上选中要分配定额的工作（单击表格第一列，使要选的工作前出现符号▶），

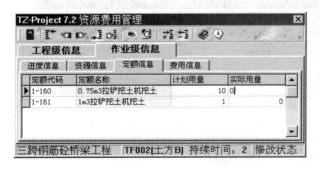

图 4-55　"定额信息"子选项卡

使该工作变为当前工作，再切换到"定额信息"子选项卡（如图 4-55 所示），在这里就可以对当前工作上的定额信息进行编辑和修改。

1）添加定额：单击工具栏中的"添加记录"按钮 ，将打开图 4-56 所示的"添加定额"对话框。在该对话框的定额表中选定要添加的定额项（可以多选，方法是按住 Ctrl 键，再用鼠标选择），

按确定按钮，这些定额项就被添加到当前工作上。还有一种操作方法，就是按住键盘上的"下箭头"键，直至将蓝条移动到最后一条记录之后，此时表格中就会多出一条空记录，然后在该空记录中输入定额代码即可。

2）删除一个定额：单击工具栏中的"删除记录"按钮，就可以删除工作上的当前定额。

3）修改定额用量：在表格中的"计划用量"栏中输入修改后的值即可。

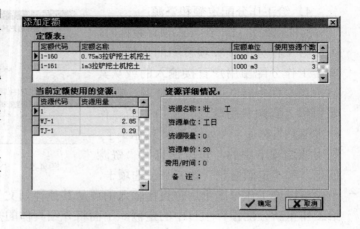

图 4-56　"添加定额"对话框

（2）给工作分配资源或修改工作上已分配的资源　首先在"进度信息"子选项卡（如图 4-54 所示）上选中要分配资源的工作（单击表格第一列，使要选的工作前出现符号▶），使该工作变为当前工作，再切换到"资源信息"子选项卡（如图 4-57 所示），在这里就可以对当前工作上的资源信息进行编辑和修改。

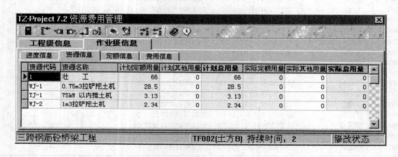

图 4-57　"资源信息"子选项卡（作业级）

1）添加资源：单击工具栏中的"添加记录"按钮，将打开图 4-58 所示的"添加工作资源"对话框。在该对话框的表格中选定要添加的资源项（可以多选，方法是按住 Ctrl 键，再用鼠标选择），按确定按钮，这些资源项就被添加到当前工作上。还有一种操作方法，就是按住键盘上的"下箭头"键，直至将蓝条移动到最后一条记录之后，此时表格中就会多出一条空记录，然后在该空记录中输入资源代码即可。

2）删除一个资源：单击工具栏中的"删除记录"按钮，就可以删除工作上的当前资源。

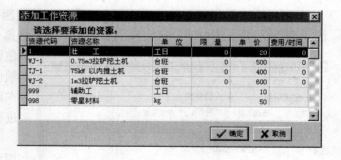

图 4-58　"添加工作资源"对话框

3）修改资源用量：在图 4-57 所示的表格中的"计划其他用量"栏中输入修改后的值即可。

5．输入其他费用信息

利用"作业级信息"选项卡中的"费用信息"子选项卡，可以输入工作上的其他费用信息，如其他直接费、间接费（包括施工管理费、临时设施费、劳动保险费、其他间接费四项）、预算直接费和预算间接费等（如图4-59所示）。而利用"工程级信息"选项卡中的"费用信息"子选项卡，则可以输入整个工程的总体费用信息，如工程的利润、税金和其他费用等（如图4-60所示）。

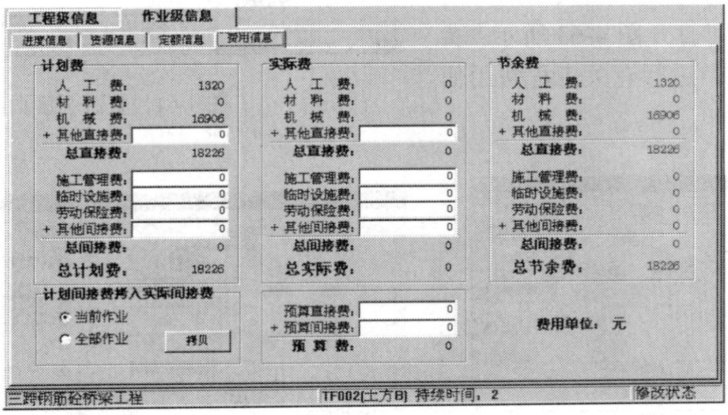

图 4-59　"费用信息"子选项卡（作业级）

（六）资源优化

使用图 4-61 所示"资源强度曲线（柱状）图"（选择"图表"菜单中相应的命令即可显示该图，选择"格式"菜单中的"显示形式"命令可设定所显示的图形形式），可以非常直观地按时间段（日、周、旬、月、季）查看资源的使用情况。如果发现资源的使用量超过其最大限量，则可以选择"设定"菜单中的"资源有限优化"命令，让系统在满足资源限制的情况下，合理地安排各工作的进度，尽可能地使网络计划的总工期最短。

此外，还可以选择"设定"菜单中的"资源均衡优化"命令，让系统在保证工期一定的条件下，通过合理调整网络计划中的某些工作，实现资源的均衡利用。

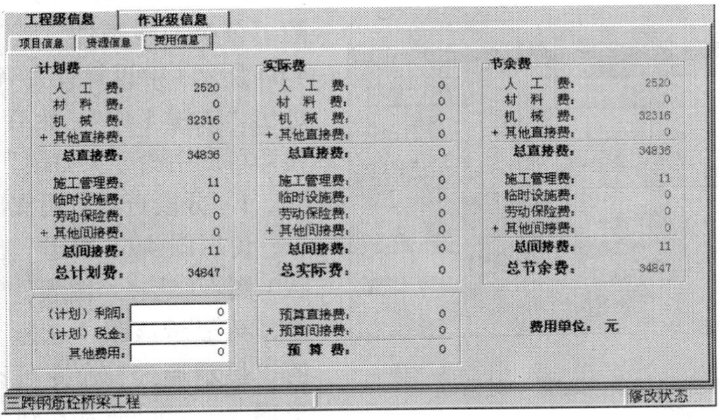

图 4-60　"费用信息"子选项卡（工程级）

（七）查看项目计划

1．查看项目的总体信息

利用图 4-62 所示的"工程总体状态信息"对话框（选择"设定"菜单中的相应命令即可打开该对话框），可以查看整个项目的工期、开始时间、结束时间、总工程量等信息，单击其中的"费用信息"按钮则可打开图 4-63 所示"费用信息"对话框，进行有关工程费用信息的查看。

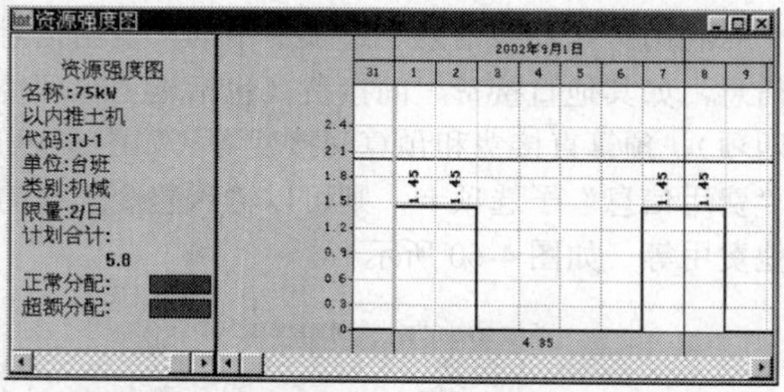

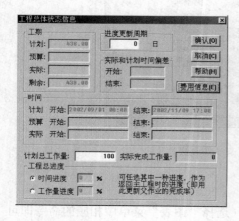

图 4-61　资源强度曲线图

图 4-62　"工程总体状态信息"对话框

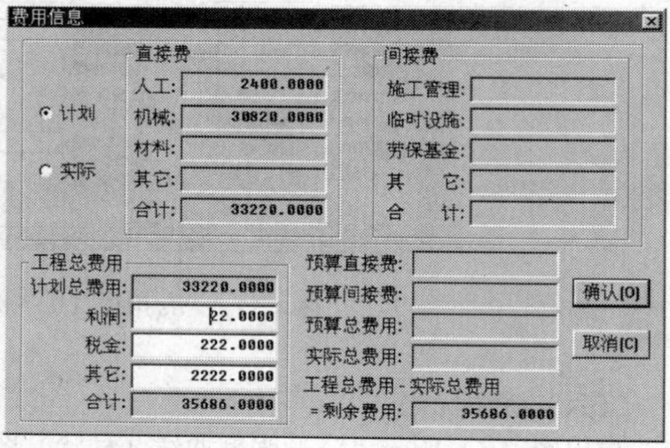

图 4-63　"费用信息"对话框

此外，在"资源费用管理"窗口（如图 4-60 所示）中的"工程级信息"选项卡上，也可以查看到整个项目的工期、成本等信息。

2．查看特定的工作信息

可以使用系统所提供的"分类剪裁"功能，使图表中只显示满足要求的信息，以方便用户的查找和使用。具体操作方法是：选择"编辑"菜单中的"分类剪裁"命令，在打开

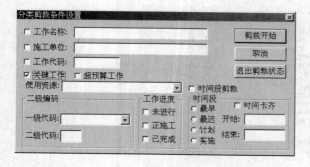

图 4-64　"分类剪裁条件设置"对话框

的"分类剪裁条件设置"对话框（如图 4-64 所示）中设置有关筛选条件，比如筛选出"关键工作"，然后单击"确定"按钮即可应用"分类剪裁"功能。

3．分段查看费用支出

使用图 4-65 所示"费用强度曲线（柱状）图"（选择"图表"菜单中相应的命令即可显示该图，选择"格式"菜单中的"显示形式"命令可设定所显示的图形形式），可以非常直观地按时间段（日、周、旬、月、季）来查看费用的支出情况，便于进行成本管理。

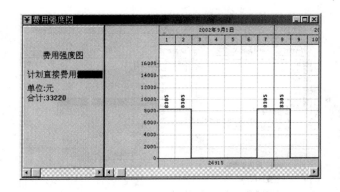

图 4-65　费用强度曲线图

（八）打印报告

对于系统中的所有图表，TZ-Project 7.2 均提供了所见即所得的打印和打印预览功能。为了得到满意的打印效果，在选择打印命令之前，通常要用打印预览功能对报告的格式进行观察和必要的调整。使用打印预览功能的操作方法是：选择"文件"菜单中的"打印预览"命令或者单击工具栏中的"打印预览"按钮，在打开的打印预览窗口中，可以进行打印格式设置、打印机设置、打印页数和打印内容的设定等等。

（九）保存计划

在实例项目的进度计划制定完成后，应该选择"文件"菜单中的"保存"命令或单击工具栏中的"文件保存"按钮，将该计划存储在磁盘上。

第七节　工程项目管理系统 PKPM

工程项目管理系统 PKPM 是由中国建筑科学研究院与中国建筑业协会工程项目管理委员会共同研制开发的一体化施工项目管理软件。它以工程数据库为核心，以施工管理为目的，针对建筑施工企业的特点而开发的。

一、标书制作及管理软件

1. 功能及特点

（1）提供标书全套文档编辑、管理、打印功能。

（2）根据投标所需内容，可从模板素材库、施工资料库、常用图库中，选取相关内容，任意组合，自动生成规范的标书及标书附件或施工组织设计。

图 4-66　新建工程

（3）可导入其他模块生成的各种资源图表和施工网络计划图以及施工平面图。

2. 主要操作步骤

"标书制作管理系统"的功能分为工程信息、组织标书结构、生成标书以及其他辅助功能。

（1）工程信息窗口：初次进入系统后，单击"工程标书管理"→"打开工程"或"新建工程"，显示当前编辑工程的工程信息（图 4-66）。用户在这里可以输入或修改工程信息。新建或修改后，单击"保存工程"按钮，将数据保存。

（2）组织标书结构：单击"制作标书"进入标书组织状态（图4-67）。用户可以在当前标书标签中的当前工程上按鼠标右键"添加下级文件"→"添加文件夹"、"添加文档"、"导入文档"，也可以在某一文件或文件夹上"添加同级文件"→"添加文件夹"、"添加文档"、"导入文档"，还可以"复制"、"粘贴"、"删除"、"重命名"、"浏览文档"。

系统提供了标书模板库，用户可以直接将模板库中的某一工程、文件夹或文件拖到当前工程中快速形成标书。用户可以按鼠标右键操作标书模板："删除"、"复制"、"浏览"，也可以右键单击当前已经组织好的标书将其"存入标书模板"。

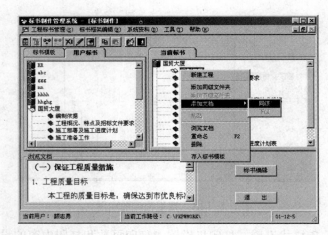

图4-67 组织标书

（3）标书编辑：选中某一文档，单击"标书编辑"按钮进入Word97。在这里可以使用Word97的所有功能。

进入Word后除了Word提供的菜单和工具条外，系统还在Word中内置了"标书生成"和"标书编辑"菜单及"标书库管理"工具条，用户可像操作Word本身的菜单一样，操作它们。

1）工程标书管理（图4-68）：

图4-68

"新建工程"：用于新建工程；
"删除工程"：删除已有的工程项目；
"标书编辑"：进入标书编辑窗口；
"退出"：退出系统。

2）标书框架编辑（图4-69）：

给焦点项添加同级文件夹；
给焦点项添加下级文件夹；
给焦点项添加同级文档；
给焦点项添加下级文档；
浏览焦点项文档；
给焦点项重命名；
删除焦点项；
将当前工程存入标书模板。

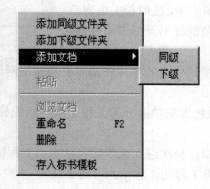

图4-69

3）标书编辑（图 4-70）：

"标书设置"：在生成标书之前设置标书的一些格式；

"生成标书"：自动重新生成标书目录；

"生成标书"：根据你已组织好的标书结构自动生成标书；

"浏览标书"：浏览生成之后的标书；

"返回"：返回到主界面。

图 4-70

二、施工平面图设计及绘制软件

建筑施工总平面布置图是根据已经确定的施工方法、施工进度计划、各项技术物资需用量计划等内容，通过必要的计算分析，按照一定的布置原则，考虑技术上可能和经济上合理，将建筑物和设施等合理布置在平面图上。本软件提供了临时施工的水、电、办公、生活、仓储等计算功能，生成图文并茂计算书供施工组织设计使用，还包括从已有建筑生成建筑轮廓，建筑物布置，绘置道路和行道树、绘制围墙，绘制临时设施（水、电）工程管线、仓库和加工厂、起重机，标注各种图例符号等。此外，本软件还提供了自主版权的通用图形平台，利用此平台可完成各种复杂的施工平面图。图 4-71 是本软件的主界面及用它完成的施工平面图。

施工总平面图的主要操作步骤：

1. 插入图框

选择右侧菜单"插入图框"，确定施工平面图的绘图比例，通常为 1∶500 或 1∶200，并选择合适的图纸号、图签、会签等，也可以在绘图结束以后插入图框，绘图的缺省比例设定为 1∶500。

2. 布置建筑物

选择右侧菜单"建筑物"，绘制任意形状的地上、地下已有的和拟建的建筑物、构筑物以及其他固定位置和尺寸的图形，根据要求可以对绘制的建筑物用阴影线填充，并能完成复制、旋转、缩放等编辑功能。建筑物的文字说明可以选择上面菜单的中文字符直接输入。

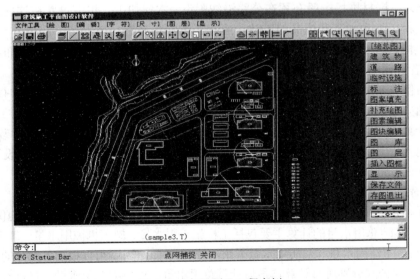

图 4-71　主界面及工程实例

3．布置起重机与轨道

选择右侧菜单"临时设施"中的"起重机"选项，沿建筑物一侧可以布置起重机的单侧运行轨道，也可环绕建筑物布置起重机的双侧运行轨道。在运行轨道上，点取起重机示意图的插入位置布置起重机，并可以通过设定起点和终点绘制起重机的弧形服务范围。

4．布置内部运输道路和围墙

选择右侧菜单"道路"，首先设定道路的宽度和路弯转角处的回转半径，然后连续布置单线道路，最后选择"单线变双"可以完成道路的铺设，同时可以对指定的道路宽度和路弯半径进行修改，并在双线路的两侧布置树。

选择右侧菜单"临时设施"中的"围墙"选项，可以在工地周围绘制临时围墙。

5．仓库与材料堆场的布置与计算

选择右侧菜单"临时设施"中的"仓库"选项，计算施工工程中使用的材料及半成品的物资储备量，然后根据储备量和有关系数计算材料仓库的总占地面积。在相应的对话框中给出了仓库储备量和面积的计算公式及计算仓库面积的有关系数。

6．布置加工厂与作业棚

选择右侧菜单"临时设施"中的"加工厂"或"作业棚"选项，把各种加工厂、作业棚与相应的仓库或材料堆场布置在同一地区。常用加工厂布置原则如下：

混凝土搅拌站可采用集中、分散或集中与分散相结合的布置方式。当现浇混凝土量大时，宜在工地设置混凝土搅拌站；当运输条件较好时，以采用集中搅拌最有利；当运输条件较差时，以分散搅拌为宜。

预制构件加工厂一般设置在建设单位的空闲地带上，如材料堆场专用线转弯的扇形地带或场外临近处。

钢筋加工厂可采用分散或集中布置。对于需进行冷加工、对焊、点焊的钢筋和大片钢筋网，宜设置中心加工厂，其位置应靠近预制构件加工厂；对于小型加工件，利用简单机具成型的钢筋加工，可在使用地点布置分散的钢筋加工棚进行。

由于原木、锯材堆场一般布置在公路沿线附近，木材加工厂也应设置在这些地段附近；而锯木、成材、细木加工和成品的堆放，应按工艺流程布置。

金属结构、锻工、电焊和机修等车间，由于在生产上联系密切，应尽可能布置在一起。

7．布置行政与生活临时设施

选择右侧菜单"临时设施"中的"临时房屋"选项，可以布置任意尺寸的行政与生活设施，包括办公室、汽车库、休息室、小卖部、食堂、俱乐部和浴室等。根据工地施工人数，可以计算这些临时设施的建筑面积，对话框中给出了相应的数据。一般行政管理用房宜设在工地入口处或工地中间；福利设施应设置在工人集中的地方；生活区应设置在场外，距工地500～1000m为宜；食堂可布置在工地内部或工地与生活区之间。

8．临时水、电管网及其他动力设施的计算和布置

选择图 4-72 中右侧菜单"临时设施"中的"供水设施"选项，可以进行工地供水组织的计算和布置。工地总用水量的计算主要包括工程施工用水量、施工机械用水量、施工现场生活用水量、生活区生活用水量和消防用水量五个部分。在对话框中，可以根据各部分的参考定额、有关系数和计算公式分别进行计算，最后计算总用水量，再根据总用水量计算供水管径。

在右侧菜单中点取"水源"、"水箱"、"水沟"、"水塔"、"沉淀池"、"消防栓"等项，

可以在平面图中直接插入它们的图例符号。"布供水线"可以连续铺设临时供水网线。

选择右侧菜单"临时设施"中的"供电设施"选项，可以进行工地供电组织的计算和布置。在对话框中，可以根据有关系数和计算公式分别进行计算总用电量。

在右侧菜单中点取"水源"、"水箱"、"水沟"、"水塔"、"沉淀池"、"消防栓"等项，可以在平面图中直接插入它们的图例符号。"布供水线"可以连续铺设临时供水网线。

选择右侧菜单"临时设施"中的"供电设施"选项，可以进行工地供电组织的计算和布置。在对话框中，可以根据有关系数和计算公式分别进行计算总用电量。

在右侧菜单中点取"电源"、"变压器"、"配电箱"、"发电站"、"变电站"等项，可以在平面图中直接插入它们的图例符号。"布供电线"可以连续铺设临时供电网线。

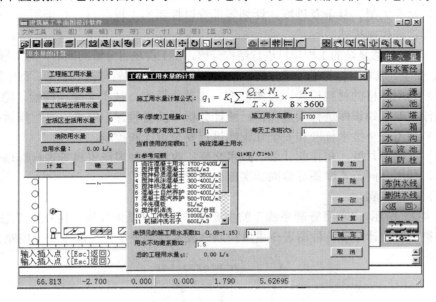

图 4-72　计算供水量对话框

三、施工项目管理软件

施工项目管理软件是施工管理的核心模块，该软件具有很高的集成性，行业上可以和设计系统集成，施工企业内部可以同施工预算、进度、成本等模块数据共享。该软件是以《建设工程施工项目管理规范》为依据进行开发的，软件自动读取预算数据，生成工序，绑定资源完成项目的进度、成本计划的编制，生成各类资源需求量计划、成本降低计划，施工作业计划以及质量安全责任目标，通过网络计划技术、多种优化、流水作业方案、进度报表、前锋线等手段实施进度的动态跟踪与控制，利用偏差控制法、国际上通行的赢得值原理及现场成本的记录进行成本的动态跟踪与控制，通过质量测评、预控及通病防治实施质量控制，利用安全知识库辅助实施安全控制，同时软件具有现场、合同、信息管理功能。项目经理利用该软件可以大大提高企业的管理水平，增强企业的竞争力。

（一）功能及特点

（1）按照项目管理的主要内容，实现了四控制（进度、质量、安全、成本），三管理（合同、现场、信息），一提供（为组织协调提供数据依据）的项目管理软件。

（2）提供了多种自动建立施工工序的方法。

（3）根据工程量、工作面和资源计划安排及实施情况自动计算各工序的工期、资源消耗、成本状况，换算日历时间，找出关键路径。

（4）可同时生成横道图、单代号、双代号网络图和施工日志。

（5）具有多级子网功能，可处理各种复杂工程，有利于工程项目的微观和宏观控制。

（6）具有自动布图，能处理各种搭接网络关系、中断和强制时限。

（7）自动生成各类资源需求曲线等图表具有所见即所得的打印输出功能。

（8）系统提供了多种优化、流水作业方案及里程碑功能实现进度控制。

（9）通过前锋线功能动态跟踪与调整实际进度，及时发现偏差并采取调整措施。

（10）利用三算对比、国际上通行的赢得值原理进行成本的跟踪与动态调整。

（11）对于大型、复杂及进度、计划等都难以控制的工程项目，可采用国际上流行的"工作包"管理控制模式。

（12）可对任意复杂的工程项目进行结构分解，在工程项目分解的同时，对工程项目的进度、质量、安全、成本目标等进行了分解，并形成结构树，使得管理控制清晰、责任目标明确。

（13）利用严格的材料检验、检测制度、工艺规范库、技术交底、预检、隐蔽工程验收、质量预控专家知识库进行质量保证；统计分析"质量验评"结果，进行质量控制。

（14）利用安全技术标准和安全知识库进行安全设计和控制。

（15）可编制月度、旬作业计划、技术交底，收集各种现场资料等进行现场管理。

（16）利用合同范本库签订合同和实施合同管理。

（二）操作步骤

如图 4-73 所示，"项目管理系统"的主要操作步骤可以划分为：建立施工进度、成本计划→调整、修改计划→各种图表→进度控制→成本控制→质量控制→安全控制。

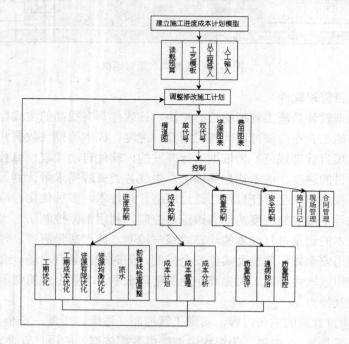

图 4-73　项目管理功能及流程图

1. 建立施工进度、成本计划

从预算生成工序适合于已经有 STAT 生成的预算数据，只要新建项目时指定了预算数据路径就可操作："工作"→"从概预算生成工作"。

用户也可以从施工模板生成工作，或从其他工程导入工作。

也可一个一个增加工作："工作"→"增加"，或在工作信息列表中手工输入。

2. 修改工作（施工任务）

在横道图、单代号图、双代号图或工作信息列表中，用鼠标双击任一工作，都可弹出工作属性卡片（图 4-74）。用户可以修改工作的持续时间，或修改工作的工程量及工作面、最小工作面、单产等，可计算出最大安排人数和最小持续时间，用户可以据此给出合适持续时间或计划人数；可以修改对应的定额工程量、对应的资源（人工、材料、机械等），若这些资源已经被设置了合适的市场单价，该工作的计划直接费便自动计算。用户也可以在工作信息列表中直接修改工作的名称、持续时间、紧前工作、紧后工作，若在最后一行输入了工作名称，回车或按上下键或鼠标在别的单元格上单击，都会增加一个新的工作。

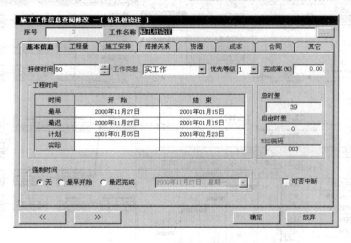

图 4-74　施工任务属性卡片

在横道图或单代号中，用户可以用窗口（在窗口左上角按住鼠标左键拖动到右下角）选取一个或多个工作，然后进行删除、合并、升级、降级等。操作："工作"→"删除"、"合并"、"升级"、"降级"。

图 4-75

3. 建立搭接关系

在横道图中，在某一工作上按住鼠标左键拖动到另一工作上放开，弹出一个搭接对话框（图 4-75），用户可以修改搭接类型、搭接时间。在单代号图中，当鼠标移到方框边上时，鼠标会变成链子状，这时也可以通过拖动建立搭接关系。

4. 各种图表

按生成工作的先后顺序，自动生成横道图（图 4-76）。单代号和双代号可以先自动布图，若不满意，可以人工调整。若各个工作设置了资源，则可以查看各种资源图：综合人工图、资金图、材料消耗状况图、各工种进出场图、机械进出场图等。

操作："图表" → "人力使用状况图"，"图表" → "资金使用状况图"等。

用户也可以得到"资源需要量计划表"：包括"资金需要量计划"、"劳动力需要量计划"、"材料需要量计划"、"机械需要量计划"、"设备需要量计划"、"构件半成品需要量计划"。

操作："资源需要量计划" → "资金需要量计划"，其他相似。

5．进度控制

系统提供了四种优化：工期优化、资源有限优化（图4-77）、资源均衡优化、工期成本优化。操作："图表" → "网络优化" → "工期优化"，其他相似。

施工日志功能。操作："进度" → "施工日志"。

进度报表功能可使用户输入某一天完成的工程量，并得到累计完成率，然后将横道图设置为显示进度来显示前锋线。操作："进度" → "进度报表"。

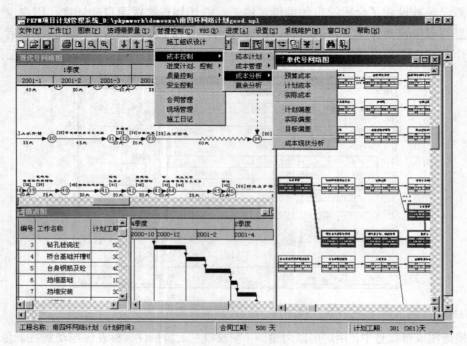

图 4-76　横道图、双代号图、单代号图

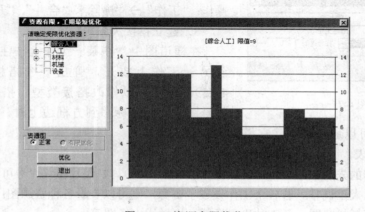

图 4-77　资源有限优化

作业计划："管理控制"→"进度计划、控制"→"作业计划"。

进度控制："管理控制"→"进度计划、控制"→"进度控制"。

施工组织设计："管理控制"→"施工组织设计"。

施工日记："管理控制"→"施工日记"。

6．成本控制

（1）成本计划：工程项目降低成本计划表："管理控制"→"成本控制"→"成本计划"→"降低成本计划Ⅰ"。

分项工程降低成本计划表："管理控制"→"成本控制"→"成本计划"→"降低成本计划Ⅱ"。

间接费降低成本计划表："管理控制"→"成本控制"→"成本计划"→"现场管理费降低计划"。

（2）成本管理：统计施工任务完成量："管理控制"→"成本控制"→"成本管理"→"统计施工任务完成量"。

现场财务台账："管理控制"→"成本控制"→"成本管理"→"现场财务台账"。

限额领料："管理控制"→"成本控制"→"成本管理"→"限额领料"。

（3）成本分析：包括预算成本、计划成本、实际成本和计划偏差、实际偏差、目标偏差、成本现状分析。

操作："管理控制"→"成本控制"→"成本分析"→"预算成本"，其他类似。

（4）盈余分析：操作："管理控制"→"成本控制"→"盈余分析"。

7．质量控制

质量控制包括质量验评、通病防治、质量预控。

（1）质量验评：验评检查："管理控制"→"质量控制"→"质量验评"→"验评检查"。

验评统计（按单位）："管理控制"→"质量控制"→"质量验评"→"验评检查"。

验评统计（按分项）："管理控制"→"质量控制"→"质量验评"→"验评检查"。

（2）通病防治：操作："管理控制"→"质量控制"→"通病防治"。

（3）质量预控：操作："管理控制"→"质量控制"→"质量预控"。

8．安全控制

操作："管理控制"→"安全控制"。

9．工程设置

系统可以设置项目信息、资源设置、工作日历、工作信息栏目等。

操作："设置"→"项目信息"、"资源设置"、"工作信息栏目"、"工作日历"。

四、建筑工程概预算计算机辅助管理系统

土建工程概预算是控制拟建工程建设费用的文件。它既是项目评估、立项、投资控制的依据，又是施工单位投标报价、建设单位招标管理、经济核算的基础，通常称之为基本建设"三算"，既设计概算、施工图预算和竣工决算。

（一）软件功能及特点

1．充分利用 PKPM 软件的设计数据

PKPM 系列软件包含建筑、结构、给排水、电气、采暖、通风空调，是一个集成化 CAD 系统。目前在全国有 8000 多家用户，国内每年用 PKPM 软件设计完成大量工程，PKPM 的设计数据是一种完整的建筑数据资源。STAT 就是使这一宝贵资源得到充分利用，发挥出其巨大的价值。

STAT 主要用三种方式利用 PKPM 设计数据：

（1）直接利用全楼模型统计工程量。STAT 直接读取建筑模型中各层墙体、门窗、阳台、楼梯、挑檐、散水、楼道、台阶等数据，结构模型中各层的柱、梁、承重墙、次梁、预制板、现浇板及荷载等信息，设备中给排水、电气、空调、采暖的设备规格、数量及管线的详细数据，完成砌体工程量、混凝土工程量、基础工程量、设备工程量。

（2）围绕建筑模型统计。大量工程量的统计要根据建筑和构件的布置找出相关几何量，比如房间的净面积、周长，房间周围墙的面积，柱、梁外露部分的面积，门窗面积、周长，整栋建筑外围周长、面积，各层建筑面积等。程序以建筑模型为基础，依据相应的扣减规则，完成土石方和平整场地，楼、地面，屋面、防腐、保温，门窗，装修，混凝土模板，脚手架工程量的自动统计。

（3）读取施工图设计结果。施工图设计主要用来做钢筋的统计。钢筋是经过计算和自动选筋及人工干预过程画在施工图上的，PKPM 每完成一张钢筋施工图，相应构件的钢筋就记录在钢筋库文件中。STAT 读取每个构件的钢筋文件，归纳合并后完成钢筋统计。

2．利用用户现成的其他设计数据或电子图形文件

STAT 软件除了可直接读取 PKPM 系列的建筑和结构设计数据外，还可读取其他在设计单位较流行的软件产生的设计数据，完成工程量统计。如建筑设计软件 ABD，天正（ARCT）等。

此外，STAT 还可将用户手头现成的由电子图形文件（如 DWG 文件）方式存放的建筑平面图，通过转换形成建筑模型，供工程量统计。这样，STAT 软件最大程度地利用了设计资源，利用该软件进行概预算，设计单位可以达到设计和概预算同步，施工以及其他单位可以做到快速准确。

3．提供简单、方便的建筑模型输入方法

若施工单位或建设主管单位得不到设计单位的设计数据，STAT 提供了适合概预算人员建模（图纸录入）手段，使用户方便的完成建筑模型的输入。

STAT 的建模功能分为三部分：

（1）建筑模型输入和修改：用户可以根据施工图，利用本软件提供的布墙、梁、柱、门窗、阳台等手段完成建筑模型数据的录入。

（2）结构模型输入和补充：结构模型输入和补充是在建筑数据的基础上，用它补充次梁、构造柱、圈梁、预制板等结构构件。

（3）基础模型输入和修改：基础模型输入和修改用于输入或修改基础的信息，如基础类型、尺寸、埋深等，为场地和基础的工程量计算提供必要的数据。

4．结合设计智能的钢筋统计

统计钢筋是一项非常繁琐的工作，要从现浇钢筋混凝土结构的各种构件中统计钢筋，包括基础、梁柱、楼板、剪力墙、圈梁构造柱等等。因钢筋造价高，统计结果要精确，不仅主要钢筋，而且构造钢筋都要包括在内，要考虑到弯钩、搭接、锚固的各种长度，要区别钢筋的不同级别和直径。要把设计过程中的每一构件钢筋设计结果均记录和管理好也是不容易的，因为这是一个灵活多变的过程，有时软件无法记录到或记录全选用的钢筋是什么。因此，要结合设计智能的钢筋统计方法。

（1）精心设计数据结构，记录各构件的钢筋。描述每一根钢筋的参数很多，程序采用紧凑的钢筋格式，只记录钢筋的基本信息及其关键的设计参数，如根数、直径，其余可按照建筑构件的尺寸推算出来。

（2）利用计算软件的钢筋设计结果。PKPM软件中包含多种计算方法，如二维的PK，三维的TAT和SATWE。不论用户用哪一种方法计算和绘图，都会记录下钢筋的设计结果。程序可直接读取设计钢筋库文件统计出全楼的钢筋。

（3）结合设计智能的统计。当只有设计图纸资料，或直接用AutoCAD画图时，从计算机的数据库中找不到梁柱钢筋设计结果。这种情况下，软件利用结构模型为对象自动生成构件模板轮廓数据，快速输入梁、柱、板钢筋的主要参数，引入设计智能和人工选筋的智能做钢筋设计，补充形成钢筋详细信息。

当没有某层楼板的配筋数据时，如果有本层的楼面恒、活荷载数据，再加上已知的楼板布置、楼板厚度、混凝土强度等级等建筑模型方面的数据，引入楼板配筋智能，就可算出楼板的钢筋。

5. 自动套定额、依据不同地区的计算规则实现工程量计算

（1）依据三维建筑模型的构件属性自动套取定额子目完成土建工程量的统计。为了实现工程量统计结果与定额子目的自动衔接，达到自动套算定额的目的，程序设计了一种自动套取定额的方法，对于每个地区的定额系统均设置自动套定额表和常用定额表，自动套定额表记录着每条定额子目和它可能对应构件属性、材料、量纲等关系，如垫层（属性为基础、楼面、地面等，材料为灰土、素混凝土、砂石等）。

（2）依据工程做法库自动套取定额子目完成装修工程量的统计。对于楼地面工程、装修工程等在三维建筑模型的基础上需要补充大量的做法和装饰信息，程序依据工程做法库自动套取定额子目并采用了成批统计、定义标准做法间的方法实现一次输入完成多个项目的工程量统计。程序内置不同地区的工程做法库（如华标等），做法库表中记录着每种做法和该地区定额子目的对应关系，用户可修改、维护此做法库，程序自动套取所选做法对应定额子目完成相应工程量的统计。用户还可以成批选取若干个项目定义为楼地面或装饰的一种标准做法。

（3）依据不同地区的计算规则完成相应工程量的计算，可实现一模多算。为了适应不同地区的计算规则的要求，在每个地区的定额库中均内置了自己的自动套定额表、常用定额表、扣减规则表，程序依据所选地区的定额自动完成定额子目的套取并依据当地的计算规则实现工程量的计算。对于同一建筑模型，程序会依据所选地区定额的不同迅速完成不同地区的工程量计算达到"一模多算"的目的。

工程量计算规则也可由用户干预修改，如混凝土工程中梁扣柱或柱扣梁、梁扣板等，这样可以适应不同地区的定额差别。

6. 自动套取定额及生成预算书报表

对已完成的工程量统计结果可与定额库自动衔接，直接套取定额。用户也可以通过交互的方式补充和修改工程量，程序还提供了几种简单的手工计算工程量的方法，如采用公式以及数据关联等，该模块具有取费计算、差价分析、工料分析、汇总打印等各项功能并具有如下特点：

（1）多途径的子目来源：不仅能自动读取前面所统计出来的基础、砌体、混凝土、钢筋等各类工程量数据生成子目，而且还提供了多种手工补充录入定额子目的方法：如直接

录入，从定额列表中选取，从定额列表中直接拖放，从模板导入，从标准做法集中导入及从其他工程导入等。

（2）灵活的子目调整、换算功能：程序专门提供了一个窗口用于对需要调整的定额子目进行各种调整，用户不但可方便地进行诸如各类费用、工程量乘以系数，工程范围的增减等调整，而且还可以对定额资源进行增加、删除、换算及乘以系数等操作。

（3）方便的资源分类和价格修改功能：在资源费用计算时，程序可自动地对资源进行分类统计，用户可通过工具栏上按钮方便地浏览打印各类资源。对一些要特殊处理的资源，可定义为独立资源以进行单独地计算。

用户不仅可以方便地建立各地各期材料价格信息库，供计算时选用，而且还可以多途径实时地单个或成批地修改各种材料价格。修改后的材料价格信息将自动保存供下次使用。

（4）开放的取费表生成功能：用户可使用本程序提供的取费表维护功能，方便快捷地制作适合当地当时情况的各种取费表，在取费表制作过程程序自动进行检验和计算，以保证取费表的正确性。

（5）灵活的报表打印功能：系统提供了工程预算表、资源汇总表、资源价差表、工料分析表、取费表等各类概预算报表预览打印功能。对于各类报表格式用户不仅可以所见即所得地进行动态调整，甚至还可以重新自己设计报表。对于同一报表，还可以有不同的模式，当打印输出时可选择适合的模式进行输出。

（6）灵活的定额子目组合功能：STAT 不仅提供了全楼的工程量数据，而且还提供各个自然层的工程量数据，用户可以选择全楼工程量进行统计计算，也可以选择某个自然层的工程量进行统计计算，还可以选择某几个相邻的自然层组成组合层进行统计计算。在进行计算的楼层子目中，用户还可以选择其中某些分部或其中某些子目进行单独的统计计算。

（二）主要操作过程

1．主菜单 STAT1：建筑工程模型输入

该菜单用于建筑、结构、基础模型的输入和修改，见图 4-78。

（1）点 STAT1 主菜单 1，做建筑模型输入。通过输入轴线、网格以及各标准层墙、柱、梁、门窗洞口、阳台、挑檐等建筑构件完成建筑模型的建立。

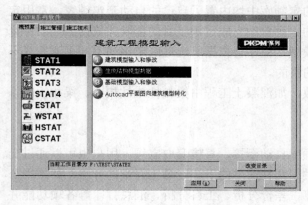

1）点"轴线网格"菜单，通过"对话框方式"及直线、圆弧直线实现各种复杂轴线的输入。点"轴线命名"菜单，可完成各轴线的轴线名称。

2）点取"本层布置"菜单，通过"构件定义"实现梁、柱、墙、门窗等的几何及属性定义。点"构件布置"菜单，完成此标准层梁、柱、墙、门窗、阳台、挑檐的布置。通过"换标准层"、"楼层复制"、"构件布置"完成其他标准层的布置。

图 4-78　主菜单 STAT1

3）点"楼层布置"实现把已经做好的标准层组装成一栋实际的建筑物。

（2）点 STAT1 主菜单 2，生成结构模型数据。"进入结构模型输入"，程序自动生成房

间，点取"次梁布置"、"预制楼板布置"、"砖混圈梁"完成相应的功能，通过"楼层复制"实现全楼的结构布置及补充。

（3）点 STAT1 主菜单 3，基础模型输入和修改。图 4-79 是基础建模的子菜单，所有各类型的基础都要在此菜单下进行布置。

点取相应的功能项，弹出相应的子菜单。可通过"构件定义"、"基础布置"等功能项完成基础模型的建立。

（4）点 STAT1 主菜单 4，完成流行的以 AutoCAD 为图形平台的建筑软件生成的建筑图及 DWG 图形向建筑模型的转换。

2．主菜单 STAT2：土建工程量统计

该菜单用于地基基础、建筑装修、结构砌体和混凝土、模板、脚手架等工程量统计，见图 4-80。

图 4-79

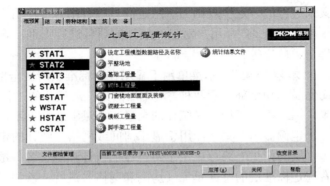

图 4-80　主菜单 STAT2

表 4-1 是工程量统计内容及功能特点。

表 4-1

统计项目	统 计 内 容	功 能 特 点
基本情况	工程基本情况表：总建筑面积、总高度、总层数、各层层高、各层房间数 基本几何量：墙面积、墙体积、房间面积、门窗面积	根据模型自动生成
基础工程	平整场地、土方工程量、垫层工程量 基础混凝土、模板工程量、墙下毛石基础、砖墙及砖放脚工程量、墙下灰土条基工程量	土方工程量计算自动考虑沟槽放脚及沟槽与沟槽的相交
砌筑工程	内墙、外墙、砖柱	自动统计，自动按定额区分不同墙厚的内墙、外墙、弧墙，并赋予对应的定额号
门窗工程	门窗表：包括名称、规格尺寸、数量 不同定额的门窗工程量	自动生成 由用户赋予各类门窗的定额项目，自动完成门窗工程量
楼地面工程	楼面、地面、踢脚、屋面及防水	用户定义各类楼地面做法，按房间统计，可以是面积或体积；屋面工程量可自动考虑坡度折算
装饰工程	内外墙面、墙裙、柱、顶棚、防腐及保温	用户定义各类装饰做法，按房间或按墙面统计

统计项目	统计内容	功能特点
混凝土工程	上部结构柱、墙、梁、楼板、圈梁、构造柱	按构件的几何特征自动分类，赋予各类构件一个隐含的定额项目，用户可替换定额项目
模板工程	同混凝土工程	同混凝土工程
脚手架工程	里、外脚手架、悬空脚手架、挑脚手架、水平防护架、垂直防护架、立挂式安全网、挑出式安全网、满堂脚手架和垂直封闭	交互式布置和统计，可作高度修正

STAT 软件在工程量统计中精心设计了许多辅助手段，供用户对统计的过程进行干预、对统计结果查询及修改，这些手段主要包括：

"计算规则定义"：在统计各项工程量时，是否要做各种扣除计算，是按照计算规则的定义来进行的。这些规则与所用定额对应有隐含值，用户也可干预修改。

"定额查询"：用户对已经统计的项目进行查询，查询内容包括定额内容和定额号、工程量、单位等。

"本层结果"：本菜单用于显示在本标准层所做全部统计项目的汇总结果。显示方式有简化显示和全部显示两种。对本层结果汇总显示的工程量，用户可以修改和补充。"全楼结果"用于将本工程已作统计的全楼工程量汇总并显示，显示方式同本层结果。

"定额显示"菜单：用于显示房间或网格已统计的定额号，供用户查询被考。

"层间拷贝"菜单：用于将已做的统计项目在各标准层之间进行拷贝复制。拷贝的方式有选定标准层的全部单元（房间和网格）进行一次拷贝的全部拷贝和选择一部分单元进行拷贝的部分拷贝两种。

"漏项检查"菜单：是对本标准层内的所有统计单元进行一次搜索检查，对那些没有作任何一项目统计的单元给予提示，用户可据此补充统计，防止漏项。

3．主菜单 STAT3：钢筋工程量统计

该菜单用于各种结构构件及基础构件钢筋工程量统计，见图 4-81。

这里对各类钢筋混凝土构件的钢筋数量做出详细准确的统计。包括框架梁和连续梁，柱，现浇楼板，剪力墙，砖混圈梁，砖混构造柱，楼梯，挑檐、雨篷、阳台和砖墙挑梁，柱下独立基础，地基梁，基础筏板等结构构件的钢筋统计。

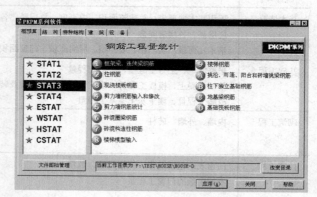

图 4-81　主菜单 STAT3

程序提供两种方式统计钢筋。第一种是读取 PKPM 的设计数据直接给出钢筋表，第二种是没有 PKPM 设计数据，使用 STAT1 主菜单的建模数据，以各层的结构布置为模板、用对话框人工输入钢筋的主要参数来实现快速统计。

各种构件的钢筋的统计结果记录在后缀是 .GJL 的 Text 文件中。

4．STAT4：建筑工程套取定额和概预算报表

可独立运行也可接力运行。操作步骤如下：

（1）新建工程项目：

1）新建单项工程。在如图4-82所示的窗口中选中"单项工程信息"页面，相应地输入"项目名称"等信息。

2）新建单位工程。一个单项工程可包括"土建"、"给排水"等多类单位工程。在"单位工程信息"页面上输入相应各项内容。

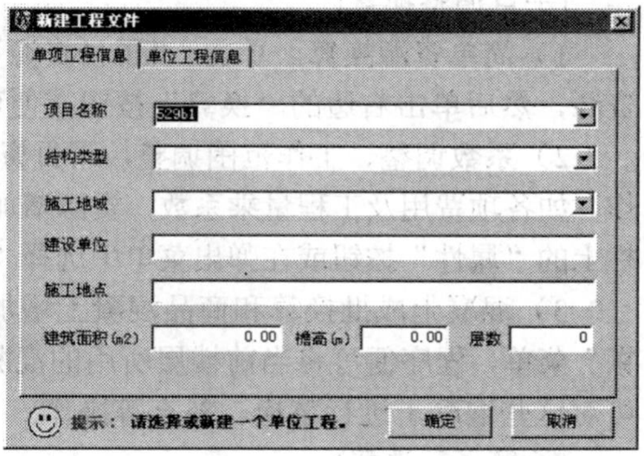

（2）子目编辑：单击"子目编辑"菜单中的"子目编辑"菜单（或单击工具栏上的"子目编辑"按钮，或按"F6"键）即进行子目编辑，窗口如图4-83所示。该窗口主要完成功能如下：

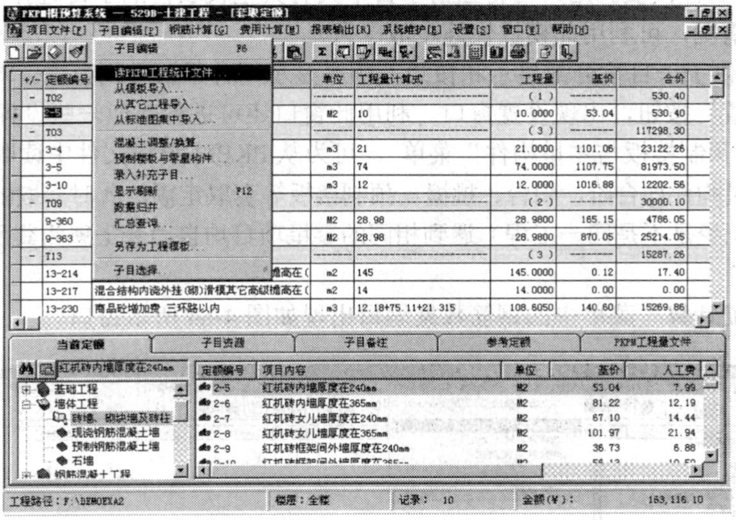

图 4-82

图 4-83

[生成子目]：系统提供了多种方法生成子目：

1）读PKPM工程统计文件。利用此功能可将STAT2和STAT3中生成的各项工程量统计结果读取过来。

2）从模板导入。

3）从其他工程导入。

4）从工程做法中导入。

5）手工录入。

6）从打开的定额库中提取。

7）从打开的其他地区定额库中选取。

8）补充子目。

[子目调整换算]

1）简单资源换算。单击"子目资源"页面，在该子目资源列表中选中要进行换算的资源，然后单击右边的"换算"按钮，便可弹出资源换算窗口进行换算操作。

2）系数调整、工作范围调整，子目资源调整。利用此功能可完成对子目的一些复杂操作，如各项费用及工程量乘系数；资源增加、删除、替换以及工作范围的增减等。单击工具栏上的"属性"按钮或在弹出菜单中选择"子目调整/换算"菜单项，便可打开此操作窗口。

3）混凝土成批换算和商品混凝土增加项目。在子目编辑菜单中单击"混凝土调整/换算"菜单，程序便可将当前楼层所用的混凝土列出（分按构件或不按构件两种方式），用户可对这些混凝土进行替换、补充等操作。

[计算子目选择]

单击"子目编辑"菜单中"子目选择"菜单，便可弹出计算子目选择窗口，在此窗口中，用户可选择全部或一部分子目进行资源、费用计算及报表输出。

[其他]

1）另存为工程模板。用户可将当前子目中具有典型代表性的子目选择存为工程模板，以后遇到同类情况，可利用此模板快速生成子目。

2）系统提供了子目按分部显示和按录入顺序显示两种子目排列方式。单击工具栏上的"显示参数设置"按钮，出现设置窗口。利用此窗口还可进行其他一些设置。

3）单击"预制楼板与零星构件"菜单，可为从 PKPM 统计文件中读取过来的一些未套上定额的零星构件如台阶、阳台、挑檐、预制楼板等套取定额，此时套取的定额具有记忆功能，下次（无论是不是同一工程）遇到相同的零星项目均自动套上您为其所选定的定额。

[钢筋计算]

单击"钢筋计算"菜单中的钢筋数据编辑出现如图 4-84 所示窗口。

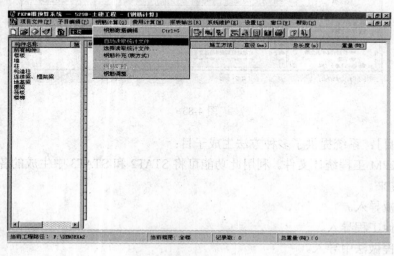

图 4-84

1）单击"自动读取统计文件"菜单，可将 PKPM 设计文件的全部钢筋数据按构件读取出来。

2）单击"选择读取统计文件"菜单可选择读取一类钢筋结果文件的数据。

3）单击"钢筋补充"菜单，弹出一窗口供用户补充录入钢筋数据。

4）单击"钢筋定额"菜单，在将所列出的钢筋套上相应的定额。

5）单击"钢筋调整"菜单，可将各类钢筋的设计用量和施工图用量分部列出供用户进行调整。

注："钢筋定额"和"钢筋调整"菜单是否可用，根据各地定额规定不同而不同。

（3）资源费用计算：单击"费用计算"菜单中的"资源费用计算"菜单（或单击工具栏上的"资源费用"按钮，或按"F7"键）即进行资源费用计算，窗口如图4-85所示。在该窗口中列出了当前楼层所选计算子目中包含的资源数据。主要功能如下：

图 4-85

资源信息				按定额价计算		按市场价计算			按参…
+/-	名称	单位	数量	单价	金额	单价	金额	价差	单价
-	【综合人工费】				0.00		1032.65	1032.65	
	人工	工日	860.5400	0.000	0.00	1.200	1032.65	1032.65	0.00
-	【黑色及有色金属】				42685.09		38872.92	-3812.16	
	钢筋	t	13.9130	3068.000	42685.09	2794.000	38872.92	-3812.16	0.00
-	【水泥】				17457.12		15763.20	-1693.92	
	水泥	KG	15497.0000	0.332	5145.00	0.299	4633.60	-511.40	0.00
	525#水泥	KG	34780.0000	0.354	12312.12	0.320	11129.60	-1182.52	0.00
-	【砖、瓦、灰、砂、石、陶粒及砌块】				6340.38		3074.91	-3265.46	
	红机砖	块	1070.0000	0.236	252.52	0.180	192.60	-59.92	0.00
	石灰	KG	40.0000	0.120	4.80	0.101	4.04	-0.76	0.00
	砂子	KG	65303.0000	0.031	2024.39	0.013	848.94	-1175.45	0.00
	石子综合	KG	135289.0000	0.030	4058.67	0.015	2029.33	-2029.33	0.00
-	【木(竹)材及制品】				4129.52		4377.67	248.15	
	模板	M3	2.3410	1764.000	4129.52	1870.000	4377.67	248.15	0.00
-	【五金制品及金属加工件】				340.14		334.81	-5.33	
	铁件	KG	88.8100	3.830	340.14	3.770	334.81	-5.33	0.00
-	【其他材料】				28687.63		28687.63	0.00	
	钢模费	元	27912.6800	1.000	27912.68	1.000	27912.68		0.00
	其它材料费	元	774.9501	1.000	774.95	1.000	774.95		0.00
-	【预制混凝土构件】				45.05		45.05	0.00	

工程路径：F:\DEMO\EXA2　　　楼层：全楼　　　记录：10　　　金额(¥)：　163,116.10

1）分类显示输出资源。

在"资源费用计算"状态下工具栏上的按钮发生了一些变化。

单击工具栏的"主要资源"按钮，资源表格中则只显示资源中的主要（指导价）资源；相应地，如果点击其他资源显示按钮，则只显示出相应的资源。如"三材"、"混凝土"、"机械设备"等。此时，如果单击工具栏上的"打印"按钮，则只打印出当前所显示的资源。

2）根据当前资源价格计算各种资源的金额及价差。

修改表格中资源的市场价格有四种方式：

a）单击"费用计算"菜单中的"费用计算参数"菜单，然后再在弹出的费用计算参数窗口中选择一期调差资源价格库。

b）直接用鼠标点击要修改市场价格的资源的市场单价项，然后在其中输入当前单价。

c）如果全部或某类资源的市场价格有统一的变化率，那么还可以单击"费用计算"菜单下的"成批修改价格"窗口，进行统一的价格修改。

d）用鼠标选中要修改的资源，击右键，在弹出菜单中单击"资源属性"菜单，弹出资源属性窗口，在此窗口中对资源进行修改。这种方式不仅修改资源的市场单价，还可修改资源的其他属性，如是不是主要（指导价）资源，是否属于"三材"等。

3）从资源列表中选择独立资源（甲供资源），进行处理。在资源列表中的"独立"项目中双击，可使该资源在是独立资源或不是独立资源之间进行切换。独立资源是否进入直接费可在"费用计算参数"窗口中进行设置。另外，还可在取费表中对独立资源费进行其他处理。

4）在计算资源费用时，主可选择一期价格库进行市场价格和价差计算外，还可另选一期价格库作为参考。

5）可对报表中输出的资源进行控制。单击"费用计算"菜单下的"输出资源选择"窗口，可选择哪些资源可以输出（打印），哪些资源不能输出（打印）。

6）取费计算

单击"费用计算"菜单中的"取费计算"菜单，或单击工具栏上的"取费计算"按钮，或按"F8"键进行取费计算，窗口如图4-86所示。主要功能如下：

N	编号	项目名称	计算表达式	系数（%）	金额（元）
1	(一)	直接费	(1)+(2)+(3)+(4)		1,683,710.00
2	(1)	人工费	人工费*系数	100.0000	14,516.02
3	(2)	计价材费	材料费*系数	100.0000	11,830.78
4	(3)	未计价材费	未计价资源费		1,654,205.00
5	(4)	机械费	机械费*系数	100.0000	3,158.02
6	(二)	综合费	*系数	65.3700	9,489.12
7	(三)	定额外其它费用	(5)+(6)+(7)+(8)+(9)		0.00
8	(5)	包干工程风险金	按合同规定计算		0.00
9	(6)	施工队伍调迁费	按合同规定计算		0.00
10	(7)	特种保建费	按合同规定计算		0.00
11	(8)	大型机械进退场费	按实际发生额计算		0.00
12	(9)	承包工程其它收入	按合同规定计算		0.00
13	(四)	税金	(一)+(二)+(三)*系数	3.4100	57,738.09
14	(五)	建安工程造价	(一)+(二)+(三)		1,750,937.00
15	A	其中：定额编制管理	(五)*系数	0.1500	2,626.41
16	B	劳动保险统筹	(五)*系数	3.5000	61,282.80
17	(六)	设备购置费	按合同规定计算		0.00
18	(七)	总造价	(五)+(六)		1,750,937.00

图4-86

a）根据用户所选择的取费表进行取费计算：可以使用的取费表列在窗口的左边，用户可以任意选择。

b）对取费表集合进行编辑：将鼠标移动到窗口左边单击右键，弹出一菜单，选择相应的菜单可进行增加子类、增加取费表及对当前取费表进行复制、删除、粘贴和重命名等操作。

c）对取费表进行编辑：可根据实际情况修改任何一个取费表，使之适合当前情况。将鼠标移到窗口的右边，单击鼠标右键弹出一个快捷菜单。选择相应的菜单便可完成对当前取费表的增加、删除、剪切、复制、粘贴及修改属性及计算公式等操作。

如单击"属性及计算人工"菜单，将出现取费项的属性窗口，在该窗口中，用户可修改取费项的编号、名称、费率（系数）和计算公式表达式。

160

（4）报表输出：单击"报表输出"菜单下的各项菜单即可出现报表预览窗口，如图4-87所示。在该窗口中可完成如下功能：

1）对报表进行即时调整。将鼠标移动到窗口上边及左边移动框内的线条上，此时鼠标形状将变成左右及上下箭头状。按住鼠标左键移动，即可调整表格列的宽度或报表各部分的位置。

2）修改标题、副标题、表头和注脚文字。将鼠标移动到所要修改的对象上双击，便弹出一个窗口，在此窗口中即可对文字内容、字体、对齐方式等进行修改。

3）修改报表模式。单击窗口上部工具栏中的"报表模式设计"按钮，便可弹出一个报表模式设计窗口。在此窗口中用户可修改报表的各种格式，或者根据实际需要重新设计一个全新的报表。

4）将报表转换成 Word 和 Excel。

5）设置打印纸张大小、方向或打印机。

6）打印输出。

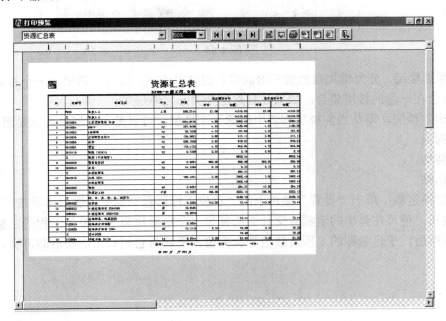

图 4-87

（5）系统维护：主要有如下功能：

1）定额库维护：可完成定额库的增加、删除、复制、剪切、粘贴和定额的名称、单位、各项费用及所属资源的修改。

2）资源库维护：可完成资源库的新建、删除等操作。

3）资源表维护：可完成资源表的增加、删除、剪切、复制、粘贴及名称、价格等的修改。

4）取费表维护：可完成取费表的建立、删除、剪切、复制、粘贴及取费项的名称、费率（系数）、计算公式等的修改。

5）公式库维护：可绘制计算公式示意图，生成计算公式等功能。

6）工程模板维护：可完成工程模板的新建、删除及所绑定额的增删等操作。

（6）其他：

1）楼层编辑：单击工具栏上的"编辑楼层"按钮（或单击"设置"菜单下的楼层信息菜单）出现楼层编辑窗口，如图 4-88 所示。

在窗口的楼层列表中单击鼠标右键出现快捷菜单，通过选择快捷菜单可完成如下功能：

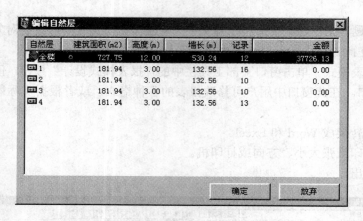

图 4-88

a）增加楼层。分为增加自然层和增加组合层两种方式。组合层即增加一个将几个相邻自然层组合在一起的楼层集合，如第 2 自然层至第 5 自然层等。

b）删除楼层。即从当前楼层列表中删除一个楼层，可以是自然层也可以是组合层。

c）拷贝。

d）剪切。

e）粘贴。

2）更换定额：单击"设置"菜单下的"单位工程信息"菜单，然后再单击"定额库"右边的按钮，便可在弹出的定额库文件中选择另一个定额作为当前单位工程的定额库。在更换定额库后，子目名称的工程量数值都会保留，重新为它们套上定额后即可实现一模多算。

参 考 文 献

1　汤国辉编著. 信息管理入门. 广东：广东人民出版社，1986

2　徐士良，艾红梅编著. 计算机公共基础. 北京：清华大学出版社，1998

3　黄康编著. Excel2000 中文版基础教程. 北京：人民邮电出版社，1999

4　李斌，许平，宋红欣编著. Project 98 中文版入门与提高. 北京：清华大学出版社，1999

5　朱永芳编著. 现代施工组织设计与现代施工管理. 上海：上海科学技术出版社，1988

6　王新华主编. 建设监理概论. 北京：中国水利水电出版社，1999

7　（英）格隆·彼德斯著. 交通部水运规划设计院电算站译. 应用微小型计算机进行项目管理. 北京：人民交通出版社，1991

8　魏绥臣编著. 电子计算机与建筑信息管理. 北京：中国建筑工业出版社，1988

9　王守清编著. 计算机辅助建筑工程项目管理. 北京：清华大学出版社，1996

10　江景波主编. 计划管理新方法——网络计划的计算与实例. 上海：上海科学技术出版社，1983

11　中华人民共和国国家标准《网络计划技术在项目计划管理中应用的一般程序》（GB/T13400.3-92）. 北京：国家技术监督局，1992

参　考　文　献

1　威廉福斯特著．住宅与城市人口．广东：广东人民出版社，1940

2　宋玉民，吴勤海编著．水利综合开发．北京：清华大学出版社，1992

3　吕振海主编．Excel2000中文版实用教程．北京：人民邮电出版社，1999

4　翁恩琪，朱章玉等．Project98中文版入门及应用．北京：清华大学出版社，1999

5　朱永海编著．现代施工组织设计与管理．上海：上海科学技术出版社，1988

6　王泽中主编．建筑工程概预算．北京：中国水利水电出版社，1999

7　（美）莫德，菲利普斯著．关键路线方法在建设中的应用研究．网络技术在建筑管理中的应用．北京：人民交通出版社，1991

8　郭庆军编著．中小型建筑企业经营管理方法．北京：中国建筑工业出版社，1988

9　郭汉丁编著．工程项目管理与招标投标管理．北京：清华大学出版社，1996

10　陆惠民主编．计算机辅助项目管理——网络计划的原理与实现．上海：上海科学技术出版社，1982

11　中华人民共和国国家标准．建筑工程工程量清单计价规范及应用指南（含软件）．GBJ18400 3-02．北京：国家技术监督局，1992